中国之旅丛书

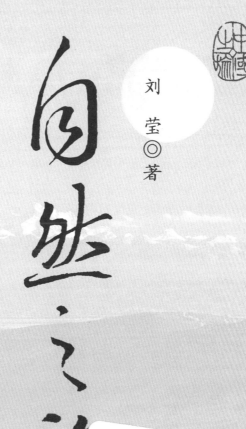

自然之旅

刘　莹◎著

五洲传播出版社

图书在版编目（CIP）数据

自然之旅 / 刘莹著. -- 北京：五洲传播出版社，
2024.4
（中国之旅）
ISBN 978-7-5085-5180-7

Ⅰ.①自… Ⅱ.①刘… Ⅲ.①自然地理－介绍－中国
Ⅳ.①P942

中国国家版本馆CIP数据核字(2024)第056504号

自然之旅

著　　者：刘　莹
出 版 人：关　宏
责任编辑：刘　波
出版发行：五洲传播出版社
地　　址：北京市海淀区北三环中路31号生产力大楼B座6层
邮　　编：100088
发行电话：010-82005927　010-82007837
网　　址：http://www.cicc.org.cn　http://www.thatsbooks.com
印　　刷：北京市房山腾龙印刷厂
版　　次：2024年4月第1版第1次印刷
开　　本：787×1092mm　1/16
印　　张：9.25
字　　数：38千字
图 片 数：138幅
定　　价：79.00元

目　录

锦绣中华，精彩无限

中国屹立于欧亚大陆之东，西邻浩瀚的太平洋，拥有960万平方公里的国土和473万平方公里的海域。她东西跨越四个时区，南北相距5500公里，最高峰与最低洼地高度相差将近9000米。巨大的差异和对比，让这片土地瑰丽多彩、绚丽多姿：既有终年积雪的高山、冰川，也有四季常青的热带雨林；既有严酷苍凉的戈壁、沙漠，也有生机盎然的湖泊、海洋；既有壮观雄奇的峡谷、瀑布，也有平坦无垠的草原、湿地……世界主要的自然景观类型，中国几乎全部拥有。领略中国的美丽，不妨打开这本书，踏上中国的自然之旅。

这里有雄壮险峻的美：世界最高峰珠穆朗玛峰、世界最高山脉喜马拉雅山、落差达1000多米的海螺沟冰川，它们的气魄，谁能与争？

这里有粗豪野性的美：塔克拉玛干沙漠在狂风怒吼中携起黄沙，瞬间遮天蔽日，炫耀着自己曾无情埋葬诸多辉煌文明的威力；可可西里高原上，藏羚羊、野牦牛、藏野驴呼吸着含氧量不及海面一半的空气，而这些高原精灵们自由驰骋，傲视苍生。

这里更有秀媚优雅的美，那温柔的山、多情的水，让人流连忘返。广西桂林，宁静的河流婉转缠绕着精巧的小山，如同一位娇羞的少女颔首微笑；深居新疆天山腹地的巴音布

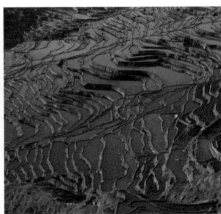

1 树正瀑布

2 云南梯田

3 鄱阳湖

4 海岸线风光

5 新疆火烧山

6 新疆向日葵

1	2	5	6
3	4		

鲁克草原，温柔地呵护着世界最大的天鹅栖息地；四川山区的九寨沟，以色彩丰富的湖泊而闻名，演奏出绚丽的彩色交响乐。

这里同样不乏充满奇趣的神秘之处：喀纳斯的"湖怪"、神农架原始森林野人的传说、台湾野柳海岸的奇特自然石雕；还有广布于中国广大地区的溶洞，它们是神秘的地下迷宫，里面隐藏着人们意想不到的宝藏……

中国历史悠久，人口众多，广阔的国土孕育出灿烂的文化。几千年来，人类的活动对自然环境产生了深远影响，同时赋予山河湖海深厚的人文意义。泰山的摩崖石刻，在2000多年中不曾间断，记录着一部中华民族的发展演进史；长江三峡，更是一条诗画的长廊；而有"上帝的盆景"之称的黄山，影响了诗歌、绘画的新派别，它的风光，深刻融入了中国传统文化之中。

中国博大的胸怀，拥揽着众多自然风光，一时难以尽述。限于篇幅，本书提到的只是漫漫旅途中的几处站点。锦绣中华的山川大地，永远敞开怀抱，迎接全世界朋友的到来。

山川雄风

珠穆朗玛峰：世界之巅

在喜马拉雅山的众多雪峰之中，那座形如金字塔、威武而雄伟的高峰，就是地球的制高点——海拔8844.43米的珠穆朗玛峰。

天的蓝、雪的白、山的青，组成人间最纯净的画面。当地藏民把珠穆朗玛峰当作神圣的雪山女神来敬仰。

珠穆朗玛峰，整个山体呈巨型金字塔状，威武雄伟。

珠峰的美丽令人神往，因为那里是地球上离天最近的地方。

　　珠穆朗玛峰位于中国西南部边境线上，它的南坡在尼泊尔境内，北坡在中国的西藏自治区。珠峰的宏伟来自于两大陆地板块的较量：印度大陆板块撞向亚洲大陆板块，挤起世界最高、最大的高原——青藏高原。喜马拉雅山脉位于青藏高原的南缘，正是两大势力的交接处。巨大的挤压力让绵长的山岭拔地而起，形成雄壮的山脉，这座山脉的主峰就是珠穆朗玛峰。在珠峰周围20平方公里的范围内，层峦叠嶂、群峰林立，仅海拔7000米以上的高峰就有40多座，形成气势磅礴的雪山阵列。

　　珠峰最美的时刻是在晴朗的清晨。太阳初升，周围的雪山还笼罩在暗青的夜色中，珠峰因其高度最先迎接到第一缕阳光。白色的雪和黑色的岩石都被染成金黄色，整座山峰金灿灿的，屹立在茫茫雪域上，如天神一般。在藏语中，"珠穆"意为"女神"，"朗玛"意为"第三"，因为在珠峰附近还有四座山峰，珠峰位居第三（居于第三个位置），所以称为"珠穆朗玛"。

　　想一睹珠峰的真容并不容易。离北坡最近的"有人区"，海拔6000多米，位于西藏的定日县内，是攀登珠峰的大本营所在地。这里气候恶劣，因为海拔太高，空气中的氧气含量不到海面的一半；即使在夏季，也会刮起12级的风暴。风暴卷起的雪片，瞬间遮天避日。只有在地球南北两极才会有类似的景象，所以这里又被人称为"世界第三极"。

　　然而，珠峰魅力无穷，严酷的自然条件并不能磨灭人们亲近它的决心。作为世界第一高峰，它成为全球登山者朝觐的圣殿。从18世纪开始，便陆续有登山队来到这里，探测它的奥秘。20世纪20年代至30年代，英国探险家曾经七次想从珠峰北坡登顶，但都没有成功，有队员甚至为之付出了生命。

直到1953年5月，新西兰登山家埃德蒙·希拉里(Edmund Hillary)和尼泊尔夏尔巴人丹增·诺尔盖 (Tenzing Norgay) 终于把人类的脚印印在了世界的最高峰——他们克服种种险阻，从南坡登上峰顶，改写了珠峰顶没有人类足迹的记录。1960年，中国登山队首次从北坡登顶成功，开创了北坡登顶的路线。

珠穆朗玛峰的美丽令人神往，因为那里是地球上离天最近的地方。

珠穆朗玛峰地形险峻，攀登难度极高。

南迦巴瓦峰：云中的神话

南迦巴瓦是一座高耸入云的雪峰，藏族史诗《格萨尔王传》里把它描绘成"直刺天空的长矛"，音译为"南迦巴瓦"。

被云雾缭绕，被河谷依偎，被森林簇拥……中国众多科学家、探险家和登山者把它评为"中国最美的山峰"。

南迦巴瓦峰在中国西藏自治区东南部的林芝地区，海拔7782米，是世界第15高峰。从峰顶到山脚，南迦巴瓦在直线2公里的距离里，展示出一个从隆冬到盛夏、从终年积雪到四季常绿的世界：

峰顶是终年不化的皑皑白雪；雪线之下是贴地而生的墨绿色高山寒带植物；再往下开始出现小丛的灌木，那淡紫的高山杜鹃、粉红的报春花把山峦装点得分外美丽；然后是大片大片的高大冷杉，它们组成幽森的寒带针叶林；在针叶林的下缘能够看到叶子宽大的树木，香樟树散发出特有的香

南迦巴瓦总是羞涩地躲在云中，只有心诚的人才能一睹其风采。

味，各种杜鹃花竞相绽放；再往下走，树林更加茂密，香蕉、扇尾葵等热带植物摇曳着巨大的叶片，四周充满了热带雨林特有的闷热气息……南迦巴瓦就是这么神奇，巨大的高度落差使

南迦巴瓦动植物垂直分布变化明显，有"世界山地植被类型的天然博物馆"之称。

它成为优秀的魔术师，能同时展现出各种截然不同的面孔。难怪人们送给它"世界山地植被类型的天然博物馆"的称号。

南迦巴瓦峰总是羞涩地躲在云中，似乎不愿与人相见。有这样一个流传甚广的传说：上天派两位天神镇守藏东南，两位天神是兄弟，哥哥叫南迦巴瓦，弟弟叫加拉白垒。弟弟身材伟岸、武艺高强，哥哥嫉贤妒能，将弟弟杀害。后来兄弟俩都化为山峰，由弟弟变成的加拉白垒峰顶端浑圆——因为他的头被哥哥砍掉了；而哥哥南迦巴瓦对自己的罪行非常后悔，愧于见人，于是常年用云雾遮住自己。

云遮雾绕，宛如梦幻里的仙境，这更增添了南迦巴瓦的神秘色彩。当地藏民说，只有心诚的人才能一睹它的风采。曾有英国探险家在南迦巴瓦脚下苦等一个月都未能见到它的真容。地理学家解释说，南迦巴瓦紧邻雅鲁藏布江大峡谷，来自印度洋上的湿润空气沿峡谷北上，从而造成峡谷两侧的高山被云雾笼罩。

仰望南迦巴瓦，犹如一尊被白云缠腰的天神。山顶云海茫茫，偶尔露出山峰一角，转眼又紧紧遮起。当地藏民相信，南迦巴瓦峰有一条通往天堂的路，云起之时，是仙人们正在登临山顶，去往天宫。

泰山：五岳独尊

在中华民族的悠久历史中，泰山一直被认为是中国名山之首。虽然它并不很高——海拔1500多米，却在中国历史和文化中有着极其崇高的地位。众人皆知，珠穆朗玛峰是世界地理的最高峰；那么，泰山则是中国文化的最高峰。

泰山地处山东省中部，是黄河下游地区的第一高山。与四周低矮的平原和丘陵相比，泰山巍峨雄伟、高大庄重的气势给人强烈的震撼力。泰山所在的齐鲁地区是中国古代文明的发祥地之一，先民生于斯、长于斯，泰山是他们生存的依托。

泰山古称岱山、岱宗。"岱"在古代汉语中是"大"的意思，岱山即为"大山"。在先民心中，泰山就是最高大的山，后来逐渐被神化为中国山河的领袖。泰山面积426平方公里，主峰玉皇顶被100多座山峰环绕，山中又有98座山崖山岭、

泰山主峰玉皇顶，海拔1545米，是历代帝王登高封禅的地方。

沿山路游览，随处可见各种石刻碑文。图为"五岳独尊"石刻。

102 条溪谷，它们构成了气势磅礴的泰山山系。泰山风景秀丽，登山途中忽而峰回路转，忽而豁然开朗；到达山顶，极目远望，一切尽在脚下，"登泰山而小天下"的豪迈之情油然而生。

泰山的突出特点是人文与自然景观的完美结合。泰山雄踞东方，而东方是太阳升起的地方，是万物交替、初春发生之地，极受古人崇拜，因而它成为中国历史上唯一受过皇帝封禅的名山，是历代帝王、文人墨客的往来胜地，留下了众多文物古迹。除了庙宇、塑像之外，山上共有2000多处摩崖石刻，其中"五岳独尊"成为泰山的标志。

"五岳"是中国五座名山的总称，它们分别是东岳泰山、西岳华山、中岳嵩山、南岳衡山、北岳恒山。五岳起源于古代中国人对山川、大河的崇拜，传说开天辟地的大神盘古死后，他的头和四肢分别化成五座大山，是为五岳。论海拔高度，泰山在五岳中仅占第三位，在中国的大山中更是藉藉无名，那它为什么会成为五岳之首、山河领袖呢？原因在

于封禅文化。由于历史上历代皇帝对泰山的顶礼膜拜，泰山被赋予了崇高的地位，它是国家昌盛、民族团结的象征，是东方文明的代表，是"天人合一"思想的寄托之地。

泰山上古树名木众多，其中有汉朝皇帝种植的汉柏六株，树龄已达2100多年；还有1300年前种植的槐树、500年前种植的松树；等等。1987年，泰山被联合国评为世界自然与文化双重遗产。

十八盘是登山途中最险要的一段，共有石阶1600余级，从空中俯瞰，如天梯倒挂。

黄山：艺术之山

　　黄山在中国历史文化中具有非常独特的地位，向来被认为是中国风景最美的山。

　　黄山位于安徽省南部山区，古时曾称"黟山"。传说中国人的祖先轩辕大帝在这里炼丹，终于羽化升天。轩辕大帝即黄帝，唐朝（618—907）皇帝为纪念先祖，把"黟山"改名为"黄山"。

　　黄山奇峰汇聚，有名的山峰有72座。其中，大峰36座，巍峨峻峭；小峰36座，峥嵘秀丽。每座山峰都是怪石嶙峋，造型奇特。

　　与奇峰、怪石相伴的是著名的"黄山松"——无论是悬崖，还是峰顶，处处都有青松点染。这些松树干曲枝虬，树冠扁平，针叶短粗而稠密，叶色浓绿。峭壁怪石之上并无土地，它们把根深深扎于岩石的裂缝之中，靠石缝中仅存的土壤生存。黄山松在悬崖峭壁中傲然挺拔，在狂风暴雪中不畏严寒，显示出极其顽强的生命力。

黄山的奇松、怪石与云海。

迎客松，黄山松的代表。树干中部伸出长达7.6米的两大侧枝展向前方，仿佛一位好客的主人，展开双臂，热情欢迎海内外宾客来黄山游览。

云海给黄山的奇峰、怪石增添了诱人的魅力，这种景致极富有中国传统山水画的意蕴，历史上曾经形成"黄山画派"。

黄山怪石奇景之一
——猴子观海

人们来到黄山，不仅陶醉于它的美丽，更能从中感受到一种精神。在中国文化中，黄山松成为"坚韧""顽强"的代名词。

如果说石和松是黄山的骨肉，那么云海则是黄山的气质神韵。云雾起时，黄山主体被白茫茫的云海笼罩，只有突兀的高峰从云中耸出。波起峰涌，峰林在云海中时而显露，时而隐没，亦真亦幻，让人仿佛置身于梦幻的世界。日出日落时云海五彩斑斓，蔚为壮观。

黄山同时兼备各种山景之美：奇峰怪石雄伟多姿，青松飞瀑灵秀清澈，云海霞光神秘浪漫……中国明代（1368—1644）著名旅行家徐霞客为它写下了"五岳归来不看山，黄山归来不看岳"的千古名句，意思是到过黄山之后，再也不用去看其他的山了。

黄山景致激发了历代诗人、画家的创作灵感，成为被中国艺术家描绘、歌颂最多的山。据不完全统计，从盛唐到晚清的1200年间，赞美黄山的诗词多达2万多首。在绘画领域，黄山的风光对中国传统山水画的发展产生了很大影响，曾经形成以黄山为绘画题材，抒写灵性、提倡气韵的新画派——黄山画派。

至今，黄山仍然是中国著名的风景旅游胜地，1990年被联合国列入世界自然与文化遗产名录。

梅里雪山：雪神的仪仗队

梅里雪山位于云南与西藏的交界处，主峰卡瓦格博峰海拔6740米，是藏区八大神山之首，也是云南第一高峰。卡瓦格博在藏语中意为"雪山之神"。其周围有13座海拔6000米以上的山峰，人称"太子十三峰"，它们连绵起伏，一字排开，犹如雪神的仪仗队，气势非凡。

梅里雪山的壮观来自于它巨大的高差——从主峰卡瓦格博峰到澜沧江（中国第五大河，流经梅里雪山脚下）、明永河汇流处，高差达4702米，形成壮观、奇险的梅里大峡谷。

巨大的高差令一山之中气候迥然不同：雪线以上雪峰绵延，云雾缭绕；雪线以下是浓绿的高山草甸、苍郁的高山灌丛和茂密的森林。沿着梅里，同一天中就能经历四季的变化，"一山有四季，十里不同天"是它的生动写照。正是由于错综复杂的气候，这里生物物种丰富，松茸、贝母、冬虫夏草等名贵药材种类繁多，金钱豹、小熊猫、马鹿等珍稀动物活跃于山林中，成为野生动物的天堂。

梅里雪山冰川广布，其中最著名的是明永冰川。它从卡

瓦格博峰上倾泻下来，绵延十多公里，在雪山上画出一道美丽的冰雪弧线。冰川沿山谷蜿蜒而下，一直延伸到海拔2600多米处的森林地带，是中国海拔最低的冰川，同时也是纬度最低的冰川之一。站在满树的杜鹃花下，欣赏着近在眼前的莽莽冰川，这样的奇景只有在梅里才有。

发育在低纬度的冰川除了具有"山花映雪"的独特景色，还有向下运动迅速的特点。受地形影响，梅里雪山每年降雪量大，融化量也大，造成冰川向下运动的速度较快，因此，这里发生雪崩的次数比其他任何地方都多，而雪崩无疑是攀登雪山最大的威胁。

对于登山者来说，梅里是残酷无情的，它曾经在世界登山史上写下黑暗的一页。1991年1月，中日联合登山队向卡瓦格博峰发起冲锋，由于天降大雪，登山队被迫放弃原定的攀登主峰计划。就在他们返回海拔5100米的三号营地的途中，雪崩突然发生，登山队的6名中国队员和11名日本队员不幸全部遇难，成为世界登山史上的第二大山难。人们在梅里雪山边为他们修建了纪念碑，纪念碑正对着卡瓦格博峰。直到现在，卡瓦格博峰仍然是无人染指的"处女峰"。

海拔6000米以上的"太子十三峰"，它们一字排开，紧紧相连，各显其姿。

缅茨姆峰及高原村寨。缅茨姆峰是太子十三峰中线条最美的山峰，被誉为梅里雪山的美女峰。

飘扬在梅里雪山脚下的经幡。

丹霞山：红岩胜境

　　红色的岩石掩映在翠绿的树林之间，尤其是在清晨和傍晚，天空的彩霞与山岩相互辉映，那绵延的山峦，恍若红霞飘落人间。

　　丹霞山位于广东省北部，是由红色沙砾构成，以红色的岩石、山崖为特色的独特地貌。地质学上以丹霞山为名，将同类地貌命名为"丹霞地貌"。这种地貌中国的其他地方还有700多处。在所有"丹霞地貌"中，丹霞山最为美丽，也最具代表性。

　　早在1500年前，丹霞山就被人们认识，留下了"色如渥丹，灿若明霞"的诗句。连绵的红色山群中，有不计其数的大小石峰、石堡、石墙、石桥，它们高低错落，形态各异，景色万千。

　　这里的山峰最有特色，它们顶部平坦，一面或几面是几乎直立的绝壁，绝壁对面却是平缓的山麓。地势缓和的地方

阳元石

多被茂盛的植物覆盖，露出红色岩石的地方则多为峭壁。独特的山体让这里的山峰同时具备了雄壮与柔和之美：站在峭壁前，几百米高的石壁像支撑天空的柱子一样雄伟；从远处眺望，山顶、山坡浑圆的线条又让人感觉柔美亲切。

丹霞山独特的红色岩石诞生于1亿年前，那时这里是内陆盆地，四周的岩石破碎后堆积在盆地中。当时这一带地区不但炎热，而且干旱，岩石中的物质被氧化，呈发红的铁锈色。经过大约3000万年的岁月，盆地中的沉积物形成红色的砂岩、砾岩。后来由于地壳运动，这里上升为山区，经流水切割、侵蚀，形成了现在这种由红色岩石构成的丹霞地貌。

阴元石　　　　丹霞山不但山体颜色艳丽，而且造型独特，其中阳元石、阴元石和龙鳞石最为著名。阳元石是一根冲天巨石，高28米，直径7米，与男根十分相似；阴元石是山壁上的一条被流水侵蚀的裂缝，形状酷似女阴，被视为"母亲石""生命之源"。阳元石与阴元石隔山相望，它们一阳一阴、一刚一柔，共同坐落于丹霞景区内，让人不得不惊叹大自然的鬼斧神工。龙鳞石石面状如龙鳞，由数千个蜂窝状的小洞连成条带，其上附生的苔藓随气候变化而变色，宛如蛟龙附壁，堪称一绝。

现在，丹霞山是世界地质公园，又被叫作"中国红石公园"。

绒布冰川：冰林雪城

绒布冰川系出名门，它是世界最高峰珠穆朗玛峰发育的大冰川之一。在珠峰北坡海拔5300米到6300米之间，西绒布冰川和中绒布冰川这两大冰川温柔地缠绕着金字塔形的珠峰。它们倾泻而下，汇合成一条，行程20多公里。绒布冰川冰层最厚处达300多米，冰舌平均宽1400多米，是珠峰自然保护区内最大的冰川。

绒布冰川拥有中国最壮观的冰塔林。在冰川末端可以看到长达几公里的冰塔林阵列，不计其数的冰塔组成一个神奇的冰雪世界。冰塔是白色的锥塔形冰体，它们高高低低，形态各异，一座座矗立在满地碎石的山坡上，绵延成一大片。这些冰塔晶莹剔透，高大无比，人处其中，显得非常渺小。

冰塔林的冰并非纯白。在白色的外表下，冰塔的每一道缝隙中都透露出纯净的蓝色。冰雪在冰川内部要承受巨大的重压，冰晶细微的结构因之改变，对光线的折射与反射也发生了变化，所以显出一种独特的浅蓝色。这是冰川冰的一大特征。

美丽的冰塔林

珠穆朗玛峰中的绒布冰塔林

冰塔林是一种罕见的自然奇观，只有中低纬度的大陆性冰川才有可能形成。那些运动速度快的海洋性冰川，末端的冰舌融化很快，不能形成冰塔林；而高纬度地区的大陆冰川，又因融化不多，也难以形成。绒布冰川刚好满足形成条件，先是冰川末端冰面融化，出现一些裂缝，而后纵横相间的裂缝继续融化，把大冰川分割成一个个冰块，冰块在大风和阳光的作用下，形成千姿百态的冰塔。

美丽的冰塔林还能讲述远古时代的故事——冰川是不断向下运动的，它内部的冰来自于多年之前的雪，雪粒里包含着当时大气的信息。反射着幽幽蓝色的冰塔，虽然无言，却承载着古老的记忆，它的神秘和美丽，等待着人们来解读。

海螺沟：天降大冰瀑

海螺沟冰川保持了诸多纪录：世界落差最大的冰川之一、中国最壮观的冰瀑布、全球同纬度末端海拔最低的冰川、中国发生冰崩最频繁的冰川、中国离城市距离最近的冰川……同时，它还是中国最美丽的冰川之一。

海螺沟位于四川省西部的甘孜藏族自治州，沟中有70多条冰川，其中最著名的就是拥有壮观冰瀑布的"一号冰川"，人们称之为"大冰瀑"。

大冰瀑冰川发源于贡嘎山（四川省著名雪山）主峰的东边，它从半山腰出发，沿着陡峭的山谷迅速跌落到海拔3720米的高度，垂直高差达1080米，仅次于加拿大冰川国家公园的落差1100米的冰瀑。因为落差巨大、坡度陡峭，大冰瀑好似从蓝天倾泻而下的银色冰河，场面极其震撼。大冰瀑的末端拱成一道弧形，酷似海螺，"海螺沟"因此得名。

海螺沟的其他冰川也极具特色，它们从高高的雪山发源，一直延伸到海拔很低的地方。有的冰川到达2800米的地区，深深地刺入森林地带中。幽暗的原始松林与洁白的冰川交错辉映，瑰丽神奇。

海螺沟冰川由于所处纬度低，运动速度快，是一群非常"活跃"的冰川。在春夏两季，一天之内会发生几百次冰崩。冰崩发生时，上百万立方米的巨大冰体突然塌落，山谷中泛着蓝光的冰川碎片飞射四溅，巨大的冲力震天动地，轰鸣声在山间回荡良久，扬起的雪雾霎时遮天蔽日。

奇特的是，在这个冰的童话世界的附近，却有水温53℃—80℃的高温温泉。泉水涌出，形成壮观的热水瀑布。温泉散发出的白色水雾，与冰崩击起的白色雪雾，同时飘荡在幽深的原始森林中。

海螺沟是世界上少有
的相对低海拔冰川。

海螺沟大冰瀑，远望
仿佛从蓝天倾泄而下
的一道银河。

江湖神韵

长江：中国的大动脉

　　长江——中国第一大河，从有"世界屋脊"之称的青藏高原出发，一路向东，劈高山、贯峡谷，几经折荡，奔腾几千公里，到达大陆东部，汇入浩瀚的太平洋。

　　长江全长6300多公里，长度仅次于非洲的尼罗河和南美洲的亚马孙河，是世界第三大河。它的干流经过青海、西藏、四川、云南、重庆、湖北、湖南、江西、安徽、江苏、上海11个省、自治区、直辖市，是中国最重要的河流之一，可称中国的大动脉。

　　在漫长的旅途中，长江汇集了数百条支流。整个长江水系，犹如一张大网，覆盖了中国中部广大地区，延伸到贵州、甘肃、陕西、河南、广西、广东、浙江、福建八个省、自治区，整个流域面积达180万平方公里，约占中国国土面积的五分之一。

长江第一峡——虎跳峡，其汹涌澎湃之势夺人心魄。江心多处有巨石兀立，传说曾有猛虎借助巨石跳跃过江，故名"虎跳峡"。

长江之源——唐古拉山脉主峰各拉丹冬雪山

众多支流给长江提供了丰富的水源。长江水资源总量达到9600多亿立方米，占中国全国河流总水量的三分之一强，仅次于亚马孙河和非洲的刚果河，排名世界第三。

长江发源于青海省，唐古拉山脉的主峰各拉丹冬雪山西南侧的冰川是它的起点。那里地势高亢，有终年积雪的山峰，几条大冰川点滴融化的雪水汇集成河，开始了长江的伟大旅程。

长江的上游河段主要在山地地区，这里峡谷多，水流奔腾咆哮。它先在宽广的青藏高原上几经迂回，穿越广袤荒凉的土地，然后沿着横断山脉折头南下，进入高山深谷腹地。在云南丽江的石鼓，长江河道突然急转流向东北，形成"长江第一弯"。之后曲折向东，穿越风景优美的"长江三峡"，到达湖北省宜昌。由于水流湍急，上游河段积蓄了巨

位于长江上游的
金沙江

大能量，修建了众多水利发电设施。

　　过了宜昌，长江进入中下游平原地区，是长江航运条件最优越的河段。这里支流众多，并与无数大小湖泊相互通连，是中国淡水湖分布最集中的地区。

　　从江西省湖口到长江入海口是长江的下游河段，这里江面逐渐宽阔，水势变缓，河道中时常有或大或小的沙洲。到了终点站——上海市崇明岛，长江的宽度已由原来的1000多米扩展到90多公里！这时的长江已经宽阔得看不到对岸。

　　从苦寒的青藏高原到中国经济最发达的都市，长江经历了太多太多。它变得无比广博与宏大，汇入东海。江与海，渐渐融为一体。

黄河：中华文明的摇篮

　　黄河，这条黄色的巨龙，在中国北方国土上写下一个大大的"几"字，奔腾流入渤海湾。它沿途哺育了中国最初的先民，创造出世界最古老的文明之一——黄河文明。

　　黄河全长5464公里，流经青海、四川、甘肃、宁夏、内蒙古、陕西、山西、河南、山东九个省区，其长度仅次于长江，是中国第二大河，也是世界第五长河。

　　黄河发源于青藏高原的腹地、青海省巴颜喀拉山脉的北麓。巴颜喀拉山脉雪山连绵，在融化雪水的滋养下，山间盆地里清泉众多，湖泊密布。其中两条清澈的水流——约古宗列曲和卡日曲，被认定为黄河正源。从这两条河开始，再

曲折的黄河蜿蜒于四川若尔盖草原上。

加上数条溪流的汇聚，黄河曲折流到旅途中第一个大"加油站"——星宿海，涓涓细流在这里补充了水量，规模壮大了许多。再经过扎陵湖和鄂陵湖两大湖以后，黄河逐渐显示出大河的气度。

　　黄河上游河段的河水是清澈的，其所以称为"黄河"，是因为在中游河段经过中国最奇特的地貌之一——黄土高原。黄土高原由厚达几十甚至上百公里的黄土堆积而成，黄河在巨厚的土层中切开了深深的峡谷，同时也让自己披上了一层金装。黄河每年在这一河段携走的泥沙多达16亿吨，有人计算过，如果把这些泥土做成1米见方的土墩，然后把土墩沿赤道码放，能绕地球20多圈。

黄土高原千沟万壑的自然景观。由于黄土高原的水土流失，黄河成为举世无双的多泥沙河流。

黄河中游壶口瀑布

黄河携带的泥沙在后来的河段中下沉堆积，令它的河道越来越高。为防止黄河决口，中国历朝历代都在沿岸建筑堤防，河床越高堤越高，最后形成河道高于地面10多米的"悬河"景观。除了堆积在河道上，更多的泥沙随河水到达黄河的终点——山东省东营市，这里被形象地称为"巨龙喷洒的土地"。迟早有一天，中国的渤海湾会被黄河填平。

黄河是中华民族的母亲河，中华文明的摇篮。从新石器时代（约1万年前—4000年前）起，黄河流域就成了中国远古文化的发展中心，燧人氏、伏羲氏、神农氏⋯⋯这些中华民族的先祖拉开了黄河文明发展的序幕，而3000多年前的商（前1600—前1046）、周（前1046—前256）则开启中国的信史时代。此后的岁月里，秦（前221—前206）、西汉（前206—25）、东汉（25—220）、曹魏（220—265）、西晋（265—316）、隋（581—618）、唐、北宋（960—1127）等王朝的都城均建立于黄河流域，在相当长的历史时期，黄河流域都是古代中国的政治、经济和文化中心。

　　黄河给中国大地增添了众多或秀丽或壮观的风景，其中最著名的就是中游晋陕峡谷河段中的大瀑布——壶口瀑布。壶口瀑布位于山西省吉县，黄河河床在这里急速收拢，黄色的河水咆哮着陡然跌落30米，犹如从一巨型壶口倾倒而出，形成壮观的大瀑布。

长江三峡：穿越时空的大峡谷

　　长江三峡是中国第一大河——长江上最壮观雄奇的一段峡谷，数千年来，无数诗歌传诵它的风貌。作为中国自然风光的代表，它几次入选中国钱币的图案。

　　长江三峡西起重庆市巴山脚下的古城白帝城，东至湖北省宜昌市的南津关，全长192公里，其中大部分河道为峡谷地段，主要分为瞿塘峡、巫峡、西陵峡三段峡谷。

　　瞿塘峡雄踞长江三峡之首，亦称"夔峡"。它西起白帝城，东至巫山县的大溪镇，全长8公里，在三峡中虽然最短，却最为雄伟。在瞿塘峡两端入口处，两岸的山峰巍峨陡峭，高达1000—1500米。两山壁立，形如门户，其江面最窄处不足百米，山高水急，极为壮观。这里的名胜古迹多而集中。比如峡口上游的奉节古城、八阵图、云阳张飞庙，峡内的白帝城、古栈道、渔王洞，峡

瞿塘峡

巫峡

口南岸的古代大溪文化遗址，等等，都是珍贵的历史文物古迹。

　　过瞿塘峡，下一段是以秀美著称的巫峡。巫峡西起巫山县城东的大宁河口，东到湖北省巴东县的官渡口，全长46公里。这里谷深峡长，迂回曲折，两岸峰峦叠嶂，奇峰连绵。著名的"巫山十二峰"各有特色，风景充满诗情画意。因为峡谷深长，湿气蒸郁不散，凝成云雾，缭绕山间。云雾涌动翻腾，千姿百态，留下了"曾经沧海难为水，除却巫山不是云"的千古绝唱。巫峡亦有很多名胜古迹，那悬崖绝壁上的古栈道、江岸岩石上的累累纤痕，都记载着巫峡的辉煌。

　　西陵峡西起湖北省宜昌市秭归县的香溪口，东到宜昌城头的南津关，全长70公里左右，是长江三峡的最后一段，

西陵峡　以滩险水急著称。这里地势复杂，大峡谷套小峡谷，大险滩含小险滩，江水咆哮嘶吼，浪花飞溅。过去，这里是长江航线中极为危险的一段，后来历朝历代不断疏浚河道，清理暗礁，才保证了行船的安全。

西陵峡中的长江三峡水利枢纽工程（简称"三峡工程"），由大坝、水电站厂房和通航建筑物三大部分组成，大坝坝顶总长3035米，坝高185米，是世界上规模最大的水利工程。它将成为三峡中新的宏伟景观。

三峡风光旖旎，历史源远流长，千万年来，它在中国文化中烙下不可磨灭的印记。如今，它仍是中国经济文化的重要区域，向世人展示着不朽的风姿。

三江并流：山河起舞

　　"三江并流"地区是一处独特的世界奇观。从卫星照片上看，在狭窄的几十公里范围内，四座雄伟的山岭，隔开三条壮观的大河，它们完全平行，步调整齐，相依相偎。

　　三江并流不是一个景点，而是云南省西北部的一片广阔区域。发源于青藏高原的三条大江——金沙江、澜沧江和怒江，自北向南并行奔流170公里，形成世界上罕见的"江水并流而不交汇"的奇特自然地理景观。这三条大江名声显赫——金沙江是中国第一大河长江的上游河段，为中国重要的大江之一；澜沧江南下流出中国国境后是东南亚最主要的大河湄公河；怒江出境后称为萨尔温江，是缅甸、泰国的重要河流。

　　三江并流地区位于东亚、南亚和青藏高原三大地理区域的交会处，是世界上罕见的高山地貌及其演化的代表地区。4000万年前，印度次大陆板块与欧亚大陆板块发生大碰撞，引发了横断山脉的急剧挤压、隆升、切割，形成了这种高山与大江交替分布的格局。

　　三江并流地区山高谷深，垂直高差巨大。这里有高大的雪峰，其中包括藏族人民心中的神山——梅里雪山，其主峰卡瓦格博海拔6740米，气势非凡。在海拔700多米的怒江河谷，有典型的"干热河谷"气候——见到天上有云彩在下雨，却没有雨滴落到地上，原来雨水在半空中就已蒸发掉。从卡瓦格博到怒江河谷，巨大的高差让三江并流地区的自然景观精彩纷呈，雪峰、冰川、草甸、湖泊、高原湿地、针叶森林、阔叶森林、干热河谷……应有尽有。

　　正因为特殊的地质构造，三江并流地区成为世界生物物种最丰富的地区之一，它占中国国土面积不到0.4%，却拥有

澜沧江大峡谷，位于云南省德钦县境内。陡峭的高山、
深邃的谷地、汹涌的水流、葱郁的森林，构成其主要特色。

怒江流经云南省贡山县丙中洛乡境内
时，形成一个半圆形大湾，俗称"怒
江第一湾"。湾上怒江台地平坦开阔，
构成三面环水的半岛状小平原。

中国20%以上的高等植物和25%以上的动物种数。由于这一地区未受第四纪冰期大陆冰川的覆盖，加之区域内山脉为南北走向，从而成为欧亚大陆生物物种南来北往的主要通道和避难所。许多物种在其他地方成为气候变化的牺牲者，但是在

三江并流千湖山景区内的冷杉与杜鹃灌丛。千湖山景区具有完整而独特的高山生态系统多样性。高山草甸、冷杉林及杜鹃林最具特色。

滇金丝猴，中国特有的灵长类动物，主要分布于云南"三江并流"地区。头顶有尖形黑色冠毛，一双杏眼，鼻子上翘，嘴唇宽厚红艳，极具观赏价值。

这里却得以存活至今。滇金丝猴、羚羊、雪豹、孟加拉虎、黑颈鹤等70多种国家级保护动物和秃杉、桫椤、红豆杉等30多种国家级保护植物都保留了下来。

喀纳斯：河湖绝色

　　喀纳斯湖深藏在新疆阿尔泰山友谊峰下，从中国地图上寻找，则位于中国"雄鸡"的尾巴尖儿上。第一次见到它的倩影，就会被它的美艳征服。

　　喀纳斯湖原是喀纳斯河的一段河道，后来由于冰川运动，河道阻塞，积水成湖。湖四周群山环抱，重峦叠嶂；峰顶银装素裹，山坡却是森林密布、野花成片。

　　喀纳斯的湖水最擅变幻色彩，随着季候和天气的变化，湖面或湛蓝、或碧绿、或深青、或灰白……有时又会同时出现诸多色彩，浓淡相间——喀纳斯是有名的"变色湖"。

　　清晨和傍晚时分，湖面的景色更加神秘。

　　日出之前，淡淡的薄云轻轻压着水面，四周的山笼罩在雾中，全然看不到，只能从云底窥到平静得没有一丝涟漪的银白色湖面。此时的喀纳斯湖还没有醒来，一切静谧无声；突然两只机警的水鸟飞近水面，湖水清晰地倒映出鸟儿的影子，如同四鸟齐飞一般。

　　到了傍晚，又是另一番情景。即使在6月的盛夏，这里夜晚的温度也会降到10℃以下。此时缠绕在半山腰的云开始洒下细密的雪花。雪并不落到湖面，仍停留在山腰，人们可以清晰地观赏到一小片雪云染白一片森林的过程。湖面在渐暗的暮色中变成青蓝色，整个湖面悠然荡起青烟般的水雾。青烟只在水面之上，不飘散也不动摇，只是慢慢地从湖面腾起，逐渐湮没在夜色中。

　　除了绝美的景色，"湖怪"是喀纳斯另一大吸引人的地方。喀纳斯的"湖怪"在很早之前就有传闻：有人在黄昏或黎明的时候，无意间看到有一种动物从湖水中探出头来。根据激起的浪花，人们判断，这种动物体型巨大，估计长达10

发源于阿尔泰山的喀纳斯河

米左右。当地牧民更是证实了水怪的存在：他们说曾有牛、马来到湖边喝水时神秘失踪，岸边只留下牛、马杂乱的脚印，而湖边的地面很坚实，牛马没有失足落水的可能。

多年来数次有人组织考察队伍，试图揭开神秘湖怪的真面目，但是几次入湖、设网、下饵，最终还是无功而返。不过，人们在湖中发现了一种体型巨大的食肉鱼类——大红鱼，怀疑它就是传说中的水怪。大红鱼学名"哲罗鲑"，在繁殖季节身体呈红褐色，生性凶猛。人们猜测，也许湖中有巨型哲罗鲑，能长到10米以上，那么大的鱼足以把饮水的牛马拖走吞噬，成为神秘的"水怪"。

喀纳斯湖有"变色湖"之称，湖水时而湛蓝、时而灰白、时而粉红、时而深青，变幻多姿。

喀纳斯著名景点卧龙湾。河湾中心有一座小岛，从高处看，酷似一条龙静卧水中，故名"卧龙湾"。

纳木错：高原上的天湖

在藏语中，"纳木"意为天，"错"意为湖，纳木错即为"天湖"。这个名字非常贴切：它离天极近——湖面海拔4718米，是世界海拔最高的咸水湖；它广阔似天，东西长70公里，南北宽30公里，面积近2000平方公里，是中国第二大咸水湖；它湛蓝似天，开阔的水面倒映着蓝天白云；它神圣如天，是藏传佛教的圣地，是藏区三大神湖之一。

纳木错位于辽阔的藏北草原上，雪峰连绵的念青唐古拉山脉横亘在湖边，像一道巨大无比的堤防，守护着神湖。当地人传说，念青唐古拉山和纳木错是一对情深意笃的夫妻，它们相依相靠生活在苦寒的高原上。

念青唐古拉山确实是纳木错的依靠——山上融化的雪水是纳木错生命的源泉。也正是因为水源至清至纯，纳木错的湖水格外明净清澈。当大风在藏北草原呼啸时，纳木错波涛冲天，蓝绿色的水浪像不断变形的翡翠涌动澎湃。

纳木错有一座天然的大门，那是岸边突立起的两块巨岩。巨岩颜色凝黄，是两根完全独立的石柱。两柱相距8米，每根高达30多米；进湖的路从这两块巨岩间通过，它们成为纳木错的门卫。人们把这里叫作"神门"。

进入神门后可以看到，沿湖散布着许多藏传佛教信徒拜祭神湖的痕迹。公元12世纪末，藏传佛教的高僧曾到纳木错修行，他们确立了纳木错在宗教中的神圣地位，此后信徒对纳木错的顶礼膜拜一直没有停过。高高的经幡帐阵占地数百平方米，一串串五彩的风马旗随风猎猎作响。每面旗上都印有藏文的佛经，据说旗子每舞动一下，就等于念了一遍上面的经文。

水边还有大小不等的玛尼堆。玛尼堆是用石头堆砌、码放起来的石堆，有些是天然的石头，有些石头上刻有精美

纳木错，一个雪山与湖泊相映成趣的地方。

纳木错边的
玛尼堆

的佛像和经文。藏传佛教徒相信玛尼堆是有灵性的。每逢吉日良辰，他们一边咏诵佛经，一边往玛尼堆上添加石块，举行敬佛仪式，天长日久，就积累成高大的石堆。玛尼堆上的每块石头都凝结着信徒们发自内心的祈愿，而玛尼石上的篆刻，不乏造诣极高的艺术精品。

纳木错最盛大的祭奠在藏历的羊年。传说纳木错属羊，每到羊年，如果绕纳木错转上一圈就能获得莫大的安慰和幸福。12年一次的藏历羊年，成千上万的信徒会涌向这里，徒步转湖。沿湖岸走一圈需要四五天时间，他们用脚步和身体丈量着湖边的每一寸土地，以分享佛祖带来的吉祥如意。

纳木错边的牦牛

青海湖：陆心之海

　　青海湖地处青藏高原的东北部，是中国最大的内陆咸水湖。它浩瀚渺茫，波澜壮阔，为辽阔的青藏高原献上一抹海的风景。

　　青海湖是粗犷高原上的温情之海。在它的周围，有四座海拔都在三四千米的高山，它们犹如巨大的天然屏障，将青海湖拥抱其中。从山下到湖畔，则是广袤平坦的千里草原。山的雄伟、湖的沉静、草原的优美组成一幅迷人的风景画。

　　走近青海湖，你会惊喜地发现，湖水并不是单色的——水波随风泛起串串银光，水面因为阴晴变化而呈现出碧蓝、凝绿、青紫、银灰等种种色彩，浩渺的烟波给人一种深沉而温暖的抚慰之感。

青海湖卫星图

青海湖鸟类繁多，放眼望去，全是鸟儿们上下翻飞的壮观景象，它们为宁静的湖增添了无限生机。

因为温柔，青海湖的故事都与女性有关。在中国古代传说中，青海湖又叫"瑶池"，它的主人是一位地位尊贵的女神——西王母。西王母曾在瑶池举办盛大宴会，款待天上众神。据说每年农历七月十八日是西王母的生日，自唐代以来，政府和民间都在这一天举行盛大的祭海（青海）活动。现在，祭海活动已经演变成民间盛会，人们从四面八方聚集到湖边，唱歌、跳舞，举行各种比赛、游戏，人神共娱。

湖中有一座小岛——海心山，它的故事更富传奇色彩。海心山距湖南岸30公里，东西长2.3公里，南北宽0.8公里，是一座狭长的小岛。岛上岩石嶙峋，泉鸟相映。古时候有传说，到冬天青海湖湖面结冰时，把家养的母马赶到海心山，母马回来后就能怀上"龙种"，产下的小马叫作"龙驹"。龙驹不但高大俊美，而且矫健善奔，是最好的战马。后人考证，这个传说源于青海湖边特产的良种好马"青海骢"。

最富魅力的要数鸟岛，它位于青海湖西北部，包括"蛋岛"和"海西皮"两个岛屿。因岛上候鸟众多，这里素有"鸟儿王国"之称。

蛋岛约1平方公里，虽然面积不大，却吸引着众多鸟类，每年有十几万只候鸟飞到这里繁衍栖息。一到春天，蛋岛就

成了斑头雁、棕头鸥、鱼鸥等候鸟的领地，它们各占一方，筑巢营窝，全岛布满鸟巢。放眼望去，岛上的鸟蛋一窝连着一窝，密密麻麻，成为青海湖的一大奇观。

　　海西皮的面积比蛋岛大四倍，最奇特的是，这儿有一个鸬鹚帝国。在海西皮东部，有一高高耸起的巨岩，形如一口倒扣在湖中的大钟。用望远镜观察，可以看见一只只黑色的鸬鹚站在岩石上，晾晒自己的喉囊，悠闲自得。

　　现在青海湖已经建立保护区——为了保护鸟类，也为了保护这里的环境，更是为了让青海湖的美丽神话永远继续下去。

青海湖鸟岛的鸬鹚岛，这块高高耸起的巨岩几乎成为鸟岛的标志。

九寨沟：彩色交响乐

诺日朗瀑布。水流从密林间穿流而下,形成"树在水中生,水在林间流"的独特景观。

九寨沟是一片高山湖泊群,这里的湖泊、溪流、瀑布展现出非同凡响的丰富色彩。大自然挥动手中的画笔,在这里谱写了一首壮丽的彩色交响乐章。

九寨沟位于四川省北部山区,面积700多平方公里,是由一条主沟、两条支沟组成的Y字形山谷,因谷中有九个藏族村寨而得名"九寨沟"。九寨沟夹在高山之间,葱郁的森林保持了原始的自然风貌。狭长的山沟谷地中散布着100多个大小湖泊,无数溪流、瀑布把湖串联起来,组成九寨沟水景的不同乐章。

从九寨主沟进入景区,最先遇到的是宁静端庄的犀牛湖。犀牛湖水面宽阔平静,蔚蓝色的湖水清澈透明,给人以洗净一切铅华之感,它是九寨沟彩色乐章的"序曲"。

沿着溪流向上游走,两条支沟延伸向大山深处。先进入右边的支沟,山渐高,水渐急,很快迎来一阵热烈的旋律——水声轰鸣的诺日朗瀑布。诺日朗瀑布虽然落差不大,但瀑面宽达320米,是中国最宽的瀑布。它呈半弧形陈列开来,晶莹剔透的水花飞溅而下,激起朵朵浪花,令人沉醉。

继续向沟深处走,溪水突然变得异常开阔。这里河宽水浅，水中的许多石头、树枝阻挡了水流，水面涌起无数浪花，四处飞溅，在阳光下闪闪发光，如同颗颗滚动的珍珠。人们给这里起了个形象的名字——"珍珠滩"。

再往深处走，就进入了九寨沟彩色交响乐的高潮，它们是五花海、熊猫海、天鹅湖等一系列色彩艳丽的湖。这些湖的水色绚丽多彩，宝蓝、翠绿、天青、淡紫，又因为湖水宁静如镜，蓝天、白云、雪峰、彩林、鲜花都为水面平添几分色彩。最美要数秋季，森林里树叶变色，湖水倒

有"九寨沟一绝"和"九寨精华"之誉的五花海。富含碳酸钙的湖水，与含不同叶绿素的水生群落，在阳光的作用下，幻化出绚丽色彩；岸上林丛，赤橙黄绿倒映湖中，色彩之丰富，超越人们的想象力。

湛蓝透明的水中浸泡着许多树的"雕塑"。

映着森林，把黄的、红的、绿的、白的各种颜色都溶解在纯净无瑕的水面上，其色彩之丰富，远远超出画家的想象力。

左边的支沟同样精彩，那是九寨沟的水奏响的抒情夜曲。斑斓的五彩池、群山环抱中的长海静静地倒映着周围的雪山、森林。最奇特的景色在水面以下——淡蓝透明的水中浸泡着许多树的"雕塑"。从形态上可以判断出这些树主要是岸边常见的松树，但是树的枝干却粗而圆润。原来九寨沟附近是石灰岩，水中富含碳酸钙，树木朽倒落入水中后，钙质逐渐把树干包围住，于是形成了这些天然雕塑。

大漠草原

塔克拉玛干沙漠：文明的墓地

塔克拉玛干沙漠腹地，浩瀚的沙海，一望无垠。

　　塔克拉玛干沙漠是中国最大、世界第二大的流动沙漠。它广阔如海，东西长1000余公里，南北宽400多公里，总面积达33万平方公里。无边的沙海，被人称之为"死亡之海""进去出不来的地方"。但在维吾尔语中，"塔克拉玛干"却被解释为"古老的家园"，因为在遥远的古代，这里

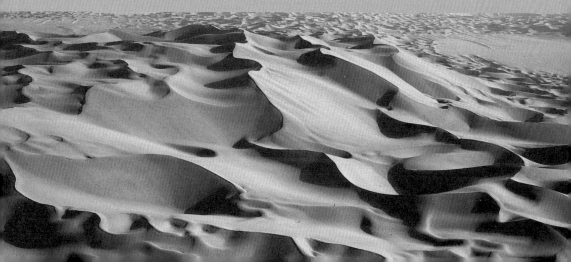

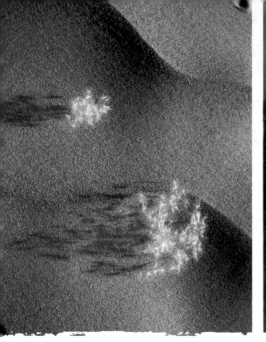

并非沙漠，而是一片美丽的绿洲，无数曾经璀璨的文明出现在这里……

塔克拉玛干沙漠在中国新疆维吾尔自治区的塔里木盆地中央。它地处欧亚大陆的腹地，北有绵延的天山山脉，南有雄壮的青藏高原，西有神秘的帕米尔高原，三面都是海拔4000米以上的高山。这里全年雨水罕见，有的只是白天的烈日、夜间的严寒，还有无尽的狂风。

即便如此，这里并不是人们想象中的生命禁区。四周的高山虽然阻挡了水汽，却提供了纯净的雪山融水。和田河、克里雅河、尼雅河、安迪尔河……这些河流从雪山出发，有的贯穿沙漠腹地，有的分散成三角形水系消失在沙漠中，它们在黄色的沙漠上画出一条条绿色走廊。因为这些伟大的河流，可怕的"死亡之海"上出现了"丝绸之路"，大沙漠成为几大文明交汇、沟通的繁荣之乡。

丝绸之路早在公元前1世纪的中国汉代就有正式记载，它是一条穿越中亚的漫长道路，全长7万多公里，把古老的中国文明与古希腊、古埃及、古巴比伦和古印度文明联结起来。

沙漠里的种子

一些曾经繁华的古城重镇如今已经掩埋在塔克拉玛干沙漠无边的黄沙中。

在随后的几个世纪中，几大文明的汇集点就在塔克拉玛干沙漠中，这里出土了大量震惊世界的珍贵文物：有翼天使的画像、中国的织锦、罗马式的柱子、印度的佛像，等等。中国的桑蚕技术、火药、造纸术等发明与丝绸一起传到了中亚、罗马等地，而景教、伊斯兰教、天文、数学等也从西方传入中国。丝绸之路改写了世界的历史，塔克拉玛干沙漠就是这一伟大变革的见证。

中国史书记载有西域36国，它们曾经繁盛一时，像珍珠一样散落在塔克拉玛干沙漠中。可惜在数千年的岁月长河中，塔克拉玛干显示出狰狞的一面——气候变迁，沙漠无情地吞噬了一座座绿洲，曾经的繁华，掩埋在连绵无尽的沙丘之中。

从19世纪开始，塔克拉玛干沙漠成为世界探险家的乐园、考古学家的宝藏，楼兰、尼雅、米兰……一座座传说中的古城被发现，这些遗址中保留着远古记忆的碎片。直到现在，太多改变历史的故事、传播文明的信物，都还隐藏在茫茫沙海之中，塔克拉玛干沙漠仍然充满神秘的诱惑。

巴丹吉林沙漠：沙漠里的最高峰

　　巴丹吉林沙漠以沙丘高大、壮观著称。最高的沙山相对高度达500多米，是目前发现的世界最高沙山，堪称"沙漠珠穆朗玛峰"。

　　巴丹吉林沙漠位于内蒙古自治区西部的阿拉善盟境内，总面积4.7万平方公里，是中国第三、世界第四大沙漠。在沙漠腹地，沙丘平均高达200米，从空中俯瞰，沙丘连绵起伏，好像沧海巨浪突然在瞬间凝结，镀上了一层丝绒般光滑的金色。

　　走进沙漠，一座一座的金色沙山横在眼前。沙漠间的路忽高忽低，一会儿要爬上沙坡，一会儿又要扎入沙窝。往沙坡上走时，骆驼每向前两步，都要向后滑一步；而下坡时，则一路滑沙，一步滑出两步远。沙漠植物点缀在沙坡中，长着细刺一样的针形叶子，或黄绿、或灰白，成片成片的。沙漠蝉藏身其中，不停歌唱。黄褐色的沙地蜥蜴，在远处的坡上探头探脑，靠近了，它会惊慌地逃跑，留下长串可爱的脚印。

　　一阵风吹过，地面的沙粒贴着地涌向前方。巴丹吉林沙漠高大的沙丘就是靠风吹动沙砾堆积而起。这里每座沙丘的

巴丹吉林沙漠，总面积4.7万平方公里，景色雄浑壮观。

沙丘连绵起伏，好似沧海巨浪突然在瞬间凝结，镀上了一层丝绒般光滑的金色。（上图）

巴丹吉林以流沙为主，但仍有沙生植物稀疏分布。图为沙漠里生长的沙葱。（下图）

坡面都是一半平缓、一半陡峭，并且方向相同，这是风的杰作。很难想象，是什么样的大风，才能把沙粒吹上好几百米高的山顶。有时沙丘一侧堆积得太高，会突然滑落，巨大的轰鸣声响彻大漠。

可喜的是，在沙窝深处常常会发现蓝色的小湖，当地人称之为"海子"。巴丹吉林沙漠中有上百个海子，每个蔚蓝的海子周围，都是一片充满生机的绿洲。

在沙漠中踯躅孤独的旅人，见到绿洲会多么地感动！海子多是咸水，湛蓝清澈，水中生长的小小卤虫，养活了无数野鸭水鸟。湖边芦花纷飞，柳枝轻垂。沙枣树下，山羊悠闲地吃草，骆驼安静地反刍。沙漠中还有多处泉水。泉水是淡水，从沙中汩汩涌出，甘洌清凉，可供人畜饮用。

这里绝不是黄沙漫漫、荒无人烟的不毛之地。这里充满了无限生机。

幽深湛蓝的"海子"构成沙漠一道柔美亮丽的风景线。

呼伦贝尔草原：跨越千年的田园牧歌

"天苍苍，野茫茫，风吹草低见牛羊"，这样诱人的景色，是呼伦贝尔草原的真实写照。在中国"雄鸡"形地图的上方，有一个酷似鸡冠的地方，这就是被誉为"北国碧玉"的呼伦贝尔草原——中国最美丽、最富饶的大草原之一。

呼伦贝尔草原位于内蒙古自治区的东北部，东西长300公里，南北宽200公里，总面积约10多万平方公里。蓝天白云下，草浪滚滚，鲜花处处；牛羊相互追逐，牧人举鞭歌唱，一片宁静安详而又生机勃勃的景象。这里是中国目前保存最完好的草原，碱草、针茅、苜蓿等100多种营养丰富的牧草欣欣向荣，为大地编织出一幅厚厚的绿色巨毯。这还是一块没有任何污染的纯洁圣土，出产的肉、奶、皮、毛等畜产品备受青睐。

呼伦贝尔草原，绿波万里，牛羊成群。

71

　　关于"呼伦贝尔"的名称由来，有一段美丽的传说：很久以前，草原上出现了许多妖魔，他们破坏牧场、杀死牲畜。当地蒙古族部落的一对情侣——勇敢而美丽的姑娘呼伦、英俊而健壮的勇士贝尔，携手与妖魔搏斗，后来双双化作湖水，淹死了众妖，并变成世世代代滋润草原的呼伦、贝尔二湖。

　　除了呼伦和贝尔两大湖之外，草原上共有3000多条蜿蜒的河流，数百个大小湖泊，它们如星斗般镶嵌在广袤的大草原上，为平坦雄浑的草原添上一股柔美动人的气质。因为大地平缓，河流不再受到束缚，它们恣意舞动起来。号称"天下第一曲水"的莫尔格勒河，弯弯曲曲的程度远远超过了黄

这里有迂回曲折的河流，星罗棋布的湖泊，是未受污染、生态环境保持较好的一片绿色净土。

在内蒙古自治区最大的那达慕会场，呼伦贝尔人民载歌载舞，欢度自己的传统节日。"那达慕"在蒙古语中是娱乐和游戏的意思，是蒙古族传统的群众性集会，也是一年一度的盛大节日。

河的"九曲十八弯"，从高空看它的河道，忽而向东、忽而向西，在碧绿的大地上绘出美丽的回环形图案。

呼伦贝尔大草原也是蒙古族草原文明的发祥地，草原上的额尔古纳河流域，曾是著名蒙古族首领成吉思汗叱咤风云的古战场。如今的呼伦贝尔，依然如故地哺育着现代的游牧民族。蒙古族牧民的毡房在草原上星星点点，冒出的缕缕炊烟给草原染上一层淡淡的柔光；牛羊悠闲地吃草，骏马奔跑如飞……持续了千年的呼伦贝尔田园牧歌，仍在继续回荡。

蒙古族传统的竞技项目——赛马

巴音布鲁克：雪山怀中的天鹅湖

　　巴音布鲁克，是被雪岭冰峰环绕的美丽湿地草原。这里有占全世界总数五分之三的天鹅，是名副其实的"天鹅之乡"。

　　巴音布鲁克，蒙古语意为"富饶之泉"。它地处新疆中部、天山山脉的腹地，海拔2300米到3100米，气候温和，没有明显的四季之分。其四周都是连绵的雪山，冰川融化的雪水滋润出10万公顷的丰美草场。巴音布鲁克就像一个雪山怀

抱里的孩子，得到无限的恩宠。这里水量充沛，河流如织，湖泊星罗棋布，是新疆水草最为肥美的地方之一。

巴音布鲁克的"天鹅湖"就坐落在草原上，位于巴音乡西南部。天鹅湖实际上是由众多相互串联的小湖组成的大面积沼泽地，它是中国第一个天鹅自然保护区。

这里是天鹅的家乡，有大天鹅、小天鹅、疣鼻天鹅等各类天鹅数万只。它们在水草丰茂的沼泽中筑巢，在湖泊里嬉戏觅食；闲暇时，或来回扭动优美的长颈，或以嘴梳理洁白的羽毛，或引吭高歌……最美的一景是天鹅们的"水上芭蕾"，翩翩的天鹅，洁白婀娜，美态迷人。当地居民视天鹅

重峦叠嶂的天山群峰与牧草如茵的巴音布鲁克草原浑然一体。

曲折的河流如同银色的丝带蜿蜒迂回着通向远方。

夕阳下的天鹅湖。每年春天，冰雪消融，万物复苏，以大天鹅、小天鹅、疣鼻天鹅为主的数万只珍禽飞越丛山峻岭，来到这里繁衍生息。

为"贞洁之鸟""吉祥的象征"，他们从不捕捉天鹅，使天鹅得以安然繁衍生息。

除了天鹅，这里还有黑鹳、金雕、白肩雕、雪鸡等近130种鸟类。巴音布鲁克永远是它们恬静的港湾——张开温柔的怀抱，迎接远游的候鸟，抚去它们长途跋涉的风霜……

悠闲自得的天鹅

77

若尔盖：高原碧玉

　　若尔盖是世界面积最大、保存最完好的高原湿地，它像一块碧玉，镶嵌在中国青藏高原的东部。

　　若尔盖地跨四川、甘肃两省，海拔3400米至3600米，总面积100多公顷，是青藏高原上人为破坏最少的高原沼泽湿地。如果乘飞机沿着四川与甘肃的省界由东向西飞，首先看到的是一层高过一层的山脉。越过最西边的山脉之后，便会看到大地豁然开朗，如地毯般平坦，这就是若尔盖。

在有"世界屋脊"之称的青藏高原面前，若尔盖展示出它柔美的一面：放眼望去，百花盛开，无尽的葱绿中点缀着姹紫嫣红的野花。其中一种黄色的小花数量最多，它们连成大片竞相开放，风儿吹过，花朵摇摆，好似一片淡黄色的烟波在绿草上轻轻飘荡。宁静的湖泊倒映着天的蔚蓝，河流蜿蜒曲折，为平坦的草原勾勒出灵性的曲线。说起"高原"二字，人们可能最先联想到"苦寒""苍凉"等词语，但若尔盖却完全打破了这种印象。

夏季是若尔盖水草最丰盛的季节，藏族牧民赶着牛羊来

国际湿地专家称若尔盖为"世界上面积最大、最原始、没有受到人为破坏的最好的高原湿地"。

79

若尔盖花湖水草

到这里，扎起黑色的毡房，煮奶茶的缕缕炊烟飘荡在空中。赏草原风光，听牧歌悠扬，品奶酪饼，喝酥油茶，吃烤全羊……是前往若尔盖的游客们的福气。

对野生动物来说，若尔盖还是不可多得的高原庇护所。水滋养了若尔盖这块高原碧玉，这块碧玉养育了无数生灵。每年夏天，世界唯一一种在高原生长繁殖的鹤类——黑颈鹤都到这里栖息繁衍。与黑颈鹤在一起的，还有成群的野驴和黄羊。若尔盖作为中国高原生物多样性最丰富的地区之一，成为高寒湿地生态系统最典型的代表。

若尔盖湿地恩惠的不仅是这一方水土，它还是黄河最重要的水源涵养地。由黄河孕育出的灿烂文化中，少不了若尔

中国一级保护鸟类黑颈鹤，是鹤类中唯一在高原上繁殖的种类。

盖在其上游默默滋养的功绩。现在这里已经被评选为世界重要湿地之一，若尔盖当之无愧——因为它"地球之肾"的重要作用，更因为它无可取代的美丽。

黄河三角洲湿地：最年轻的土地

　　沧海桑田的变化往往要经过数百万年的漫长岁月，但在黄河三角洲，仅仅在几个月时间里就能实现。坐看海陆变迁，这种气概，只有在黄河三角洲才有。

　　黄河三角洲位于山东省北部的黄河入海口处。黄河像一条黄色的巨龙，携带着大量泥沙滚滚而来，一路奔腾咆哮，冲入渤海湾内，染黄了大片海面。黄河水每年把10多亿吨的泥沙从内地搬运到它的入海口处，这些泥沙以平均每年两三公里的速度把海岸线向前推进，生成世界上最"新鲜"的陆地，也为中国创造出几十平方公里的"年轻"土地。

　　黄河三角洲是以黄河河道为中心的巨大扇形土地，离海越远的地方形成时间越早。从内陆沿河道往海边走，便能浏览海陆变迁的全部过程：

　　最先看到的地方大多已经变成绿油油的农田，村落的红砖瓦房点缀其中，一派宁静的田园风光。越往前走，土地越年轻，人类活动的痕迹越少。开阔的原野上长满了芦苇，秋天到时，金黄色的芦苇随风舞动，洁白的芦花波浪般翻涌。望不到边的芦苇荡里，有无数的河湾和水塘，这里是鸟类最理想的栖息地。

　　黄河三角洲正好处于北亚地区的候鸟迁徙通道上，良好的自然环境让这里成为"鸟类的国际机场"。每到候鸟迁徙季节，三角洲的芦苇荡变得热闹非凡——丹顶鹤在浅水湾里翩翩起舞；大天鹅在水面上优雅地梳理羽毛；各种野鸭在芦苇丛中时隐时现；水岸交接处，娇小的水鸟奔忙觅食。天空中更是喧闹——左一队洁白的鹭鸟，右一列黑色的鸬鹚，有时几千只海鸥齐飞，遮天蔽日。每年几百万只候鸟把这里作为迁徙的"中继站"，黄河三角洲给它们的长途旅行提供了

黄河携带着泥沙一路奔腾咆哮，冲入渤海湾，造就了这片年轻的三角洲湿地。

一望无垠的芦苇荡

一个安全而舒适的避风港。

　　离海更近的地方是淤泥滩涂。几个月前，这里还是大海的地盘，如今却被黄河"攻占"下来，成为陆地的一部分。海水并不甘心退却，在滩涂上留下一条条、一片片的蓝色水湾。海水的盐度让大多数植物难以生长，几种耐盐碱的蒿草成为新土地的拓荒者。

　　再往前就到了真正的"水陆交汇的战场"——黄河码头。站在码头上，举目远望，茫茫的黄水一直延伸到地平线，分不清哪里是河水、哪里是海水。码头长长的栈桥有好几百米，一直延伸到水面很远的地方。桥下的水涌动着黄色波浪，水中翻滚的泥沙，似乎正表达着扩展疆土的决心。

黄河三角洲上的日出

地质珍奇

路南石林：天然石刻艺术品

光怪陆离的石峰、千奇百怪的石柱、削尖如刃的石笋……超越想象的造型，流畅不羁的线条，路南石林中每一

路南石林是典型的岩溶地貌，拔地而起的石林，仰观俯视皆令人叹为观止。

块石头都是杰出的艺术品，整个石林就是一座天然的石刻艺术品博物馆。

　　石林位于云南省昆明市郊外89公里处的路南县境内。在400多平方公里的范围内，不计其数的石柱、石笋、石峰巍然耸立，连绵成林，故名"路南石林"。石林中的石头，都是以灰色的石灰岩为雕塑材料，以风霜雨雪为刻刀，由大自然的巧手雕刻而成——有的被塑造成柱形，高达三四十米，直挺挺地矗立在大地之上，柱身上的纵纹疏密有致，因流水荫润，条纹颜色深浅相间，非常精美；有的被塑造成笋形，高则二三十米，矮则三五米，石笋底部略粗，向上变得又尖又薄，而顶部的脊线锐利如刀锋，直刺天空；还有高大的石

石林层层叠叠，如雨后春笋，破土而出。

峰，层层叠叠，密如刀丛。

石林在地质学上叫作岩溶地貌，又称喀斯特地貌。这种奇特的景观是这样形成的：2亿多年前，这里曾经是一片汪洋大海，海底沉积物逐渐积累，化为厚厚的石灰岩。后来受地壳运动的影响，海底两度升降，大约在200万年前，石灰岩露出地面。在漫长的岁月里，风为凿，雨为刀，平板的岩石先被侵蚀出裂缝，而后裂缝逐渐扩大、加深，原本一体的岩石被纵向分割成块。因为水分垂直向下流淌、渗透，破碎的岩层逐渐被削出了石峰、石柱，继续风化消磨下去，就成了石芽、石笋。

在石林间的峡谷小路中穿行，就像在艺术博物馆中参观一样。众多巨石拔地而起，千姿百态，形态各异。人们根据

石头的外形赋予了它们美丽的传说，其中最著名的就是"阿　　　阿诗玛峰
诗玛峰"的故事。

阿诗玛峰位于石林边缘，从某个特定角度看它，宛若一
个身背花篮、亭亭玉立的美丽少女，她就是中国的少数民族
彝族传说中的姑娘阿诗玛的化身。出于对她的怀念和敬仰，
人们都喜欢与阿诗玛峰合影留念。

阿诗玛峰的倩影是路南石林最美的风景。此外，石林中
还有骆驼峰、象石等众多传神的石刻作品。在路南石林，大
自然的鬼斧神工给人无限的惊叹和感慨。

武陵源：万岩争锋

　　3000多座又细又高的山峰如石柱般垂直耸立，仿佛大地"怒发冲冠"。武陵源奇特的景色，让人惊叹不已。1992年该景区被列入世界自然遗产名录。

　　武陵源风景名胜区位于湖南省西北部的深山之中，是一片由岩石山峰组成的"丛林"。几千座石峰，矮的十几米，高的三四百米，它们直上直下的"身材"，酷似一根根细长的石柱。

武陵源石英砂岩峰林地貌，石峰线条硬朗，极少弧形与曲线。

由于气候湿润，峰林之间常常弥漫起白色的云雾，构成一幅中国传统泼墨山水画。

金鞭溪。金鞭溪沿线是武陵源景区最美的地方之一，全长五六公里，穿行在峰峦幽谷之间，溪水明净，跌宕多姿。

这里的石峰几乎各面都是悬崖绝壁，峭壁的缝隙中见缝插针地长着绿色植物。山峰的形状千奇百怪，有的一峰独立，遥指天宫；有的几峰并联，似乎是比赛看谁"长"得更高；还有一些基部岩石相连，上部却出现一道狭窄的缝隙，分成两座山峰，似乎是岩石被利刃猛砍一下，劈成两半一般。

有些石峰彼此之间相距很近，两座峰间只有窄窄的峡谷，走在其中，两边的峭壁崔巍欲倾，似乎立刻要向中间挤压过来。有些石峰相距很远，峰峦之间，峡谷纵横，小溪、水潭、瀑布随处可见，珍贵的古树默然挺立，灵巧的动物穿梭其间。

武陵源气候湿润，峰林之间常常弥漫起白色的云雾。高高石峰在云雾中时隐时现，亦真亦幻。从高处俯瞰，只见云海底部突兀地伸出无数青灰色的石柱，高低错落，似乎是争夺阳光的植物，努力挺拔着向上生长。

武陵源的石峰线条硬朗，多是棱角分明的暗色岩石。这样的山形源于质地坚硬的岩石——石英砂岩。武陵源有500多米厚的石英砂岩层，这种岩层并不容易风化，但在自然状态中会产生垂直方向的裂纹。

风霜雨雪对付这样的"硬骨头"也有办法——从裂纹入手，不断把缝隙加深、扩大，时间久了，岩层就被劈成一根根石柱。但是即使这样，坚强的石英砂岩仍然"宁折不弯"——要么坍塌垮掉，要么傲然挺立，绝不像大多数岩层那样被"磨平了棱角""磨出了曲线"，于是在漫长的地质年代中，逐渐形成了万岩争锋的奇景。

元谋土林：金色神殿

　　"土"也能成"林"！云南省元谋县就以这样的自然奇观而闻名。土林以黄色为基调，同时富有色彩的变化。中国明代著名旅行家徐霞客曾说，进入土林"如身在祥云金栗中也"。

　　土林的"土"其实是岩石——一种混合了黏土的砂岩，颜色发黄，质地疏松，由于岩石表面风化严重，所以看起来像土。在阳光的照耀下，黄色的岩石金灿灿的，高低错落，好似黄金筑成一般。大则若城堡，小则如塔柱，神奇壮丽，

土林奇观

形态万千。土林景观在元谋盆地广泛分布，不同区域因为被侵蚀、风化的程度不同而呈现出不同的面貌，其中最著名的三处分别位于虎跳滩、班果和新华，每处的土林各有特色：

　　虎跳滩土林是元谋土林中景观最壮观的一处。从远处眺望，犹如一座被废弃的古城堡，高大挺拔的岩柱，似乎是神殿的遗迹，而连绵的岩壁则是宫殿的围墙。最奇特的是"城堡"

土林岩柱形态不同，色泽有异。柱顶往往有一"帽子"保护土柱，尤为奇特。

班果土林，在阳光的照耀下，反射出炫目的光彩。

的顶部，有赤、褐、黑三色的顶盖——"土帽"，很像人工建筑中的屋檐。原来岩石渗透了雨水后，其中的铁、钙质凝结为坚硬且不透水的一层，岩石其他部分被风雨剥蚀之后，这一层就暴露出来，形成"土帽"，成为下面岩层的天然保护伞。正因为有了这样独特的"土帽"，"城堡"才得以保存。

班果土林总面积14平方公里，是元谋面积最大的土林。这里的土林以柱状、孤峰状为主，分布稀疏，群体较少。班果土林的土柱中含有玛瑙片砂等能反光的矿物，在阳光下反射出炫目的光彩，如同镶嵌了无数宝石。

新华土林高大密集，以色彩丰富著称。这里的土柱顶部多为紫红色，中部是灰白相间，下部则以深浅不同的黄色为主调；在不同的光线下，土柱又变幻出更加丰富的色彩，俨然一幅天然的抽象画。土林呈现出的丰富色彩与岩石所含的矿物质有关，在风雨的侵蚀下，各种矿物质把岩石渲染得五彩斑斓。

土林是大面积的岩层在长期的风雨侵蚀下形成的，岩层质地松软的部分被风化剥落，质地坚硬的部分剩留下来。风化、侵蚀的过程如今仍在继续，土林——这座"金色神殿"每年都在变化，让人百看不厌。

织金洞：地下藏宝窟

　　织金洞位于贵州省西部的毕节地区，是一个景观壮丽、沉积物种类丰富的天然洞穴。

　　织金洞的美首先在于规模宏大、气势磅礴。它的洞口在织金县的一个半山腰上，高约15米，宽约20米。在这个"其貌不扬"的洞口里面，埋藏着一片广阔的天地：目前已经勘察并有开发价值的织金洞长度为12.1公里，由分为四层的五个支洞组成，洞内总面积达70万平方米。

　　这座宏伟的地下宫殿拥有12个大厅和47个小厅，其中面积最大的"十万大山"厅，面积约7万平方米——相当于十个足球场。"厅堂"的高度也很可观，均在60—100米之间，最高处约150米——相当于50层的高楼。宽阔的大厅里景色

织金洞规模宏大，
景观壮丽。

银雨树

万千，有的地方平坦如原野，有的地方耸起一座座高峰，高峰之间有湖有河，自成一体，形成一个奇异的微缩世界。

规模巨大的织金洞里埋藏着丰富的宝物，洞穴探险家把它形容为"上帝专门收藏珍玩的宝库"。石笋、石柱、石塔、石花……40多种溶洞沉积物这里应有尽有，且件件是精品。其中两处石笋——"银雨树"和"霸王盔"是织金洞的瑰宝，也是全世界洞穴中的稀世珍品。

"银雨树"其实是不断上长的花瓣状石笋，每片花瓣都是半透明乳白色结晶体，玲珑剔透，组成一棵17米高的银色的"树"。它竖立在直径2米多的天然白玉盘中，秀丽挺拔，美丽绝伦。经过鉴定，这棵奇树"生长"了15万年才到今天的高度，因而被称为"国宝"。

"霸王盔"与"银雨树"遥相呼应，是一座头盔形的粗壮石笋，头盔顶部竖立起两根并列的石柱——帽状石笋上又长出柱状石笋，造型酷似带缨穗的武士头盔。

织金洞里风景无限，满洞的奇珍异宝，让人不禁惊叹连连。这座地下藏宝窟，保存着地球漫长演化过程中留下的宝物，等待着人们进一步去研究和探索。

霸王盔

乌尔禾：魔鬼的住所

在亚洲大陆腹地干旱而贫瘠的荒漠上，一座土黄色的城垣打破平直的地平线。城中"建筑"三三两两，有的高大壮观，有的低矮孤立。城中大路平坦曲折，却了无人烟。大风起时，沙土飞扬，城中传来阵阵凄厉苍凉的呼啸声。人们猜测，这是魔鬼居住的地方，此地故有"魔鬼城"之称。

魔鬼城位于新疆北部准噶尔盆地边缘的乌尔禾镇。在荒凉的戈壁上，有一座座高低不平、纵横交错的土丘、土垒，酷似大片废弃的古代城池。走入其中，才发现土丘、土垒都是大自然的杰作，并无人工雕琢的痕迹。

魔鬼城并不是魔鬼居住的地方，城里也没有魔鬼。在地理学中，这种奇特的地形叫作"雅丹地貌"，当地的维吾

乌尔禾，为独特的风蚀地貌。放眼望去，全是奇形百态的土丘，蔚为壮观。

夕阳下的乌尔禾，
独特美丽。

尔族人称之为"雅尔当"，意为"陡峭的小丘"。它是在干旱、大风环境下形成的一种风蚀地貌类型，中国的新疆、甘肃等干旱地区都有分布。

在大约1亿多年前的白垩纪，准噶尔盆地是一个巨大的湖泊。湖两岸植物茂盛，水草丰润，从出土的化石中，人们发现了乌尔禾剑龙、蛇颈龙、准噶尔翼龙等许多奇异的远古巨兽。

后来地壳经过两次巨大变动，湖泊消失，湖底升起为陆地。

　　骄阳似火，大风肆虐，经过千万年的风吹雨打，原本平实的土地出现深浅不一的沟壑，裸露的石层被狂风雕琢得奇形怪状。乌尔禾处于风口位置，每当大风刮起，天昏地暗，飞沙走石，被风吹起的沙砾和石子，变成有力的锤子、凿子，在残留的土层上又敲又打。质地不够坚硬的地方，被全部消磨殆尽，大地上只留下各种奇异的土雕：矮圆的土丘、四壁陡峭的土岗、层层叠叠的土垄……

　　走进魔鬼城，放眼望去，全是奇形百态的土丘，除了几丛灰色的骆驼刺，一片浑黄，四下寂寥无声。可是一旦有风吹过，各个方向就会同时传出奇怪的呼啸声。气流在粗粝的岩石中摩擦横行，土丘土垄成为庞大的天然乐器，把风声无限放大。风越大、声越响，最后变成恐怖的鬼哭狼嚎，在城中久久回荡不散。

大风起时，天昏地暗，飞沙走石，鬼声森森，人称"魔鬼城"。

桂林：流传千年的美丽传说

　　桂林山水风光的美很早就被中国人认识与颂扬，那些秀美林立的小山峰，以及环绕山峰的江水，成为一个流传千年的美丽传说。

　　桂林在广西壮族自治区境内的北部山区，有举世无双的峰林景观。这里的山并不高，也不大，然而一座座平地拔起，千姿百态。山中内藏玄机的溶洞幽深瑰丽，怪异奇巧的山石更是到处可见。与峰林亲密相依相偎的是碧水——漓江，它明洁如镜，在万峰之中蜿蜒百转，多情流连。山青、水秀、洞奇、石美的"四绝"，让桂林在千百年中，一直保持着"山水甲天下"的桂冠。

　　漓江是桂林山水的灵魂，它发源于桂林东北部地区，一路流经桂林城和古镇阳朔。桂林山水的佳境在漓江两岸，其

桂林处处皆胜景，漓江山水堪称其中的典范。

象山，桂林山峦的代表。

中由桂林至阳朔的84公里河段，是桂林山水最精华的部分，有"黄金水道"之称。

　　黄金水道上，漓江像一条青色的丝绸飘带，优雅宁静地缓缓流淌；两岸千峰万峦，犹如选美模特一般，各自摆出美丽的造型，静静等待漓江的检阅。象山是桂林山峦的代表，它位于漓江与桃花江（属漓江主要支流）的汇流处，因山形酷似一头静立水中的巨象而得名。当地人说，一定是这头大象来此饮水，喜爱这里的风景而不愿离去，才化成石山的。

　　当然，包括象山在内的所有峰峦，都是大自然的鬼斧神工。大约300万年前，这里曾是浩瀚的大海，海底沉积了厚厚的石灰岩。后来地壳运动，海洋升成陆地，原本平整的石灰

缕缕阳光从云中穿过，江中波光粼粼，与群山倒影交相辉映。

岩层断裂扭曲。由于气候温热，雨水冲刷、溶解岩层，横七竖八的裂缝不断加深扩大，经过长期的演变，最终形成了今天桂林各种各样的岩溶地貌：地面以上，凸峰孑然孤立，石山腹中溶洞森然神秘；地面以下暗河弯弯曲曲，纵横交错。

　　一年四季，不论阴晴，对桂林来说，都有良辰美景。晴朗的日子里，碧空如洗，漓江水丝滑如镜，两岸峰峦，分毫不差地倒映在水面。泛舟江上，有种"分明看见青山顶，却在青山顶上行"的奇异感觉。而烟雨中的漓江则更有一番风情：细雨如纱，云雾迷蒙，山峰若隐若现，前方江水若有若无，游人仿佛进入虚幻的梦境。

黄龙沟：深山中的巨龙

　　在四川省阿坝州，有一条由岩石天然形成的"中国龙"伏在山中——乳黄色的岩石组成它的躯体，岩石上淙淙的流水好似龙鳞闪烁的光辉，而顶部的五彩水池构成龙的眼睛。这个神奇的地方就是黄龙沟。

　　在这里，山脊被层层叠叠的乳黄色岩石覆盖，奇特的黄色岩带宽30米至170米不等，从山下到顶部长3600多米，落差高达400多米，好似蜿蜒于密林幽谷中的黄色巨龙。人们根据这里的景色猜想：有条黄龙在空中飞行累了，降落到地面休息，因为迷恋四周的风景，从此不愿离去，于是伏卧山中，守望着密林，仰望着雪峰。

黄龙沟彩池多达3400余个，池堤低矮，池水不深，水流平缓。

黄龙沟内的钙华滩长约1300米，是目前世界上发现的地表钙华中，距离最长、面积最大的一处。

　　形成巨龙的奇特岩石叫作"钙华"，它实际上是一种不多见的地质现象，是山和水交融后创造出来的奇观。黄龙地区有大片石灰岩层，当高山上的冰雪融水和地表水渗透入地后，水能够溶解石灰岩中的碳酸钙物质。地层内的水分通过泉眼、岩石裂隙流出或渗透融入溪流，便形成富含碳酸钙物质的水流。水流一旦露出地表，水温和压力迅速降低，二氧化碳气体溢出，碳酸钙随之结晶析出，就形成了白色的钙华。由于掺入了土壤等杂质，故而显现出深浅不同的乳黄色。

　　黄龙沟里钙华无处不在，层层叠叠的银色彩池坝、金光闪闪的钙华滩、藏于瀑布下的钙华洞、汩汩涌水的钙华

泉……就连落入溪流里的树条、树叶也会被钙华附着，包裹　黄龙沟彩池近景
上一层坚硬的外壳，沉于水底，犹如雕塑一般。

　　黄龙最美的地方是"黄龙之眼"——位于整个钙华区
最高处的五彩池。五彩池是黄龙沟内最大的彩池群，由大大
小小的数百个彩池构成。由于池堤低矮，汪汪池水漫溢，远
看块块彩池宛如片片碧色玉盘，在阳光下，或红、或紫、或
蓝、或绿，浓淡相宜，极尽美丽娇艳。

　　黄龙有世界最大的钙华瀑布、世界最大的钙华滩流、世
界最大的高原边石坝彩池群……钙质的沉积速度非常慢，地
质学家测定，这条黄色的巨龙，是大自然经过了超过3万年的
精心酝酿，才一点一点积累出的奇观。

野柳：海岸雕塑园

海浪也能成为雕刻家——当它来到野柳的时候。

野柳是台湾岛北部的一个窄长海岬，这里有一片神奇的雕塑园，各种形态奇异的石雕散布在海岸边。

野柳长1600多米，是一片突出海面的岩石海岬。由于波浪侵蚀、岩石风化等作用的影响，野柳形成了丰富的海蚀地貌。这些奇特雕塑的形成过程可以追溯到2000多万年前，那时台湾岛还在海面以下，从中国大陆地区冲刷下来的泥沙在此沉积，逐渐成为砂岩层。有一种说法是，600万年前的造山运动使海底抬升，台湾岛露出海面，海水不断侵蚀岩层，形成今天的景观。

依照石头的不同形状，人们形象地为之命名，如蕈状岩、姜石、豆腐岩，等等。蕈状岩是野柳最有特色的岩石。这些石头高度在1—4米之间，形似蘑菇，下细

野柳海蚀美人头
（女王头）

野柳奇特的海蚀地貌

上粗，一根短粗的石柱上顶着笨重的"脑袋"。蕈状岩中最有名的是"女王头"，它下部的石颈很细，而上方石头的形状酷似挽着高高发髻的贵妇人，整体看起来极像西方古代贵族妇女的头像。

蕈状岩的"头部"由贝类等古代海洋生物的遗体形成，它们外壳中的钙质在岩石中聚集成团，胶结成坚硬的结核。在风化作用中，相对柔软的砂岩被侵蚀掉，曾经包裹在砂岩内的结核逐渐裸露出来，形成形状奇特的石雕。随着海浪的侵蚀及地壳的抬升，蕈状岩的"石颈"会继续风化，越来越细，直到支撑不住"头部"的重量而最终倒塌。

不同形状的结核形成造型各异的石雕。烛台石是野柳另一种著名奇石，它们形如烛台，底部浑圆隆起，上方稍细，顶部略凹，凹处中间有的结合恰好成为"烛火"，惟妙惟肖。还有一些结合紧贴地面，被挤压得扭曲变形，又因被海浪冲刷出纵横交错的裂纹，外观酷似老姜，"姜石"因而得名。

野柳海岸还有许多奇特的岩石：有些地方在平展的岩石面上突然出现一个圆洞，口小内大，里面有圆圆的石头，并灌有海水。这种石洞的成因是：海水偶然把石块卷入海岸上原有的凹穴，海水涌动，带动石块旋转，研磨石穴边缘，把石穴越磨越大，逐渐形成了深井状的石洞。

在这里还可以见到很多远古生物的遗迹，美丽的海胆、海星化石，爬行动物等活动痕迹的化石，都极具研究价值。生物的遗迹不但给野柳的奇特岩石增添了美丽而有趣的装饰，还告诉我们这里在远古时代生机勃勃的景象。

西双版纳热带雨林：野性莽林

猿猴在树冠间腾跃，野象在林中小路上漫步，老虎埋伏在树丛中等待猎物，巨蟒蜿蜒游走……西双版纳热带雨林是一个充满野性的世界。

西双版纳在中国南部边境线上，地处云南省南部山区，是中国面积最大、保存最完好的热带雨林。这里终年温暖湿润，充足的阳光洒满层叠的山岭，清澈的河水在山谷间迂回流转，密集的丛林葱郁神秘。

丛林里高大的树木遮蔽了天空。树木为争夺阳光，展开了激烈的斗争，竞相长高。巨大的乔木为了支撑身体、吸收营养，进化出奇特的"板根"——在底部，树干分出数块三角形板状根。板根有十几、几十厘米厚，

板状根

高达四五米，显得颇为壮观。数片板根形成一个稳固的基座，支撑着巨树。这样的巨树，人们手拉手十几个人也抱拢不过来；抬头仰望，它的树冠伸向高高的天空。

　　并不是所有植物都能长得格外高大，于是其中一些选择了残酷的手段——绞杀。榕树等一些植物，它们的果实种子被鸟兽吞吃后，随粪便排出，落在枝桠之间，靠着动物粪便和枝桠上碎屑的营养，种子发芽成长。榕树能长出多条软管形的气根，气根一边吸收空气中的水分，一边向下垂悬生长。丛林里经常能看到这样的气根，它们一条条从高大的树冠层中伸下来，荡荡悠悠。一旦气根着地，就即刻扎入土中

巨树"绞杀王"。热带雨林中常见的绞杀植物，由无数气根交织成网状外套，紧紧缠绕在寄主的主干上，最后将寄主摧残至死。

西双版纳丛林中
的野象

生根，逐渐粗壮起来。等到榕树羽翼丰满，气根已经把寄主紧密缠绕，直至绞死。

另外一些植物没有那么大的野心，只求站在巨人的肩膀上，分得一些阳光雨露——雨林中几乎每一株高大树木身上，都长有各种寄生植物。从下面看，树干上这儿一个巨大的"花球"，那儿一个精美的"鸟巢"，这些多是寄生的蕨类，它们组建出一座座缤纷的空中花园。

丛林中的动物远比植物低调，它们更倾向于把自己掩藏起来，想找到它们的身影，需要多一些耐心。在西双版纳热带雨林里，已经发现的陆生脊椎动物有500多种，在中国大约占总数的四分之一。亚洲象、印支虎、白颊长臂猿、绿孔雀、小熊猫、懒猴……还有众多尚不为人知的动物在雨林里依照丛林法则生活。

蜀南竹海：竹海品竹

　　竹海，顾名思义，就是竹的海洋。竹海是竹的世界，清风拂过，绿波荡漾，翠浪翻滚，千竿齐摇，万节起舞。

　　蜀南竹海位于四川省南部连天山的余脉中，总面积120平方公里。这里20多条山岭、500多座峰峦全部被竹子覆盖。一望无际的竹海，连川连岭，令人陶醉。中国宋代诗人黄庭坚来到这里时，曾心醉于竹波万里，写下"万岭箐"三个大字。

　　蜀南竹海中楠竹最多。楠竹高大挺拔，傲然直立。在林中漫步，满眼是一根根密集的竹竿，光滑的竹节在阳光下反射着银白色的光辉。空气中弥散着竹叶特有的清香味，稍有微风，剑一样的竹叶摩挲曼舞，发出"沙沙"的细语声。

　　这里的竹类品种繁多，除了漫山遍野的楠竹，还有其他50多种竹子，它们各有异趣，为竹海锦上添花。紫竹，是

竹的海洋

竹中的异类——幼时呈淡绿色，竿上长有密密的细绒毛，成熟后逐渐变为深紫乃至墨色。紫竹不高，穿插在绿色的海洋中，相当别致。罗汉竹叶子细小浓密，竹节最有特色——上部的竹节修直规则，靠近地面的竹节却特立独行，有的短粗鼓胀，有的隘缩倾斜，奇特可爱。还有文静的水竹、娟秀的观音竹、老少相依的慈竹等等，其中不乏珍贵品种。

中国传统文化对竹子偏爱有加。竹子因其中空、挺拔、四季苍翠的特性，被赋予了高洁、正直的人格特征。中国古代的文人雅士，喜欢用竹子来比喻自己的节操。在竹海中漫游，细品老竹挺拔不屈，新笋破势待发，高者卓尔不群，低者怡然自赏……不同的个性，相同的神韵，一片竹林，能感悟出世间沉浮。

以竹为海，万里碧波，不管是云雾起时淹尽山林，还是斗转星移四季变换，蜀南竹海总是保持着不变的苍翠碧绿，在深山中宁静致远。

轮台胡杨林：沙漠里的英雄树

　　胡杨林生长在沙漠之滨，陪伴它们的只有连绵的沙丘和无尽的干旱。在艰苦的环境中，神奇、靓丽的胡杨树倔强地生根发芽，人们感叹它的顽强，称它为"沙漠里的英雄树"。

　　在中国新疆轮台地区，拥有世界面积最大、分布最密的胡杨林——沿着新疆的塔克拉玛干沙漠的塔里木河，一路生长着40多万亩的天然胡杨林。

　　胡杨，在维吾尔语中叫"托克拉克"，意为"最美丽的

轮台胡杨，赞颂着生命的美丽与顽强。

树"。这是一种神奇的树，有"生而千年不死，死而千年不倒，倒而千年不朽"之誉。为了与沙漠中的严寒、酷暑、狂风抗衡，胡杨树多粗壮有力，五六米高的一棵，树干直径就达到一米左右。直立易摧，因此它的枝干多是弯曲旋转、遒劲有力，从而呈现出千姿百态的奇特造型。树冠茂密如盖，树叶细小精致，树身线条曲折，这些都是适应沙漠气候而进化出来的特征。即使盛夏，胡杨的叶子也不会出现青翠欲滴的颜色，它要保护自己不受沙漠烈日的炙烤；到了秋天，胡杨叶会突然迸发出热烈的金黄色，似乎要用这种绚丽的颜色，昭示生命的辉煌。

从高处远眺，塔里木河蜿蜒曲折，分流出无数支脉。胡

胡杨林在河水的滋润下呈现出勃勃生机。

杨树就生长在这河道、河汊之间，连绵不绝，一直伸向茫茫天际。因为沙地中水分有限，胡杨树都是松散分布，它们或独自，或三两一株，各守一方水土。蓝色的河水应和着蓝色的天空，金色的胡杨应和着金色的沙丘……人们在欣赏胡杨美景的同时，也在感受生命的坚强与力量。

　　轮台胡杨，沙漠里的英雄树，赞颂着生命的美丽与顽强。

位于塔克拉玛干沙漠腹地的塔里木河胡杨林。

长白山森林：北国森林之美

长白山位于中国东北地区，它的西坡保存了珍贵的针叶、阔叶混交原始森林。这片森林以针叶树红松为主，并混有其他多种树种。各种树木尽展自己的风采，充满了北方森林的粗犷、丰富之美。

一棵棵挺拔的红松站满山坡与沟谷，林间充满松树特有的清香。阳光透过高大的树顶，化作无数银线穿入林间，照着森林底层的各种植物。地面上布满厚厚的青苔，无论是石头还是露出地表的树根，都被它们裹上了绿茸茸的一层。

红松落叶阔叶林，为长白山披上了迷人的盛装。

被植物遮盖的是中国东北地区特有的黑色土壤，这种土含有丰富的腐殖质，格外肥沃，为森林里所有的植物提供了丰富养分。

　　成千上万的红松中，一棵480多岁的"红松王"最为著名。这棵红松高度超过35米，树干要三个人合抱才能把它围起来。最为传奇的是，长白山火山在300年内曾有三次喷发，火山口离这棵大树并不太远，它能经历三次劫难而顽强生存，堪称奇迹。

　　红松根系发达，能储存大量的水，长白山森林的繁荣茂盛，少不了红松维持森林水分的功劳。红松还有一个奇特的习性——幼苗喜阴，在林下阴暗的地方生长；成树喜阳，能长得非常高大，占据森林顶层。

　　除了红松之外，森林里还有云杉、桦树、椴树等许多树种。丰富的植物种类让这片森林的四季各具特色，展现出多姿多彩的画面：春季，由于在东北到得比较晚，阔叶树光秃秃的树枝上，新发的嫩芽才露头角，娇小可爱；红松披着墨绿色的冬装，而翠绿的新叶已在枝头悄然诞生。夏季，整片森林苍翠葱郁，所有植物竞相生长。奇特的是，森林之中弥漫着淡黄色的烟雾，风儿吹过，黄雾飘荡，笼罩在整个森林

长白山森林秋景

冬天，大雪纷飞，整个森林银装素裹。

上空。原来，6月末是红松开花的季节，千万株红松同时开花，黄色的烟雾其实是它们的花粉。秋季是最美的季节，针叶树保持着夏季的翠绿，其他树木则呈现出金黄、艳红、墨绿、银白等绚丽斑斓的色彩。到了冬季，大雪纷飞，整个森林银装素裹，变成一个冰雪王国。

四川大熊猫栖息地：大熊猫的家乡

　　大熊猫是中国特有的野生动物，主要分布在陕西、甘肃、四川的山区。其中四川西部山区因为野生大熊猫数量多、分布密度大，作为"珍稀物种栖息地"，被联合国教科文组织列入世界自然遗产名录。

　　大熊猫体形像熊，躯干和尾巴白色，四肢、耳朵和眼 密林中的熊猫

四姑娘山被当地藏民视为神山，相传四位美丽善良的姑娘，为了保护她们心爱的大熊猫，同凶猛的金钱豹作英勇斗争，最后变成了四座秀美挺拔的山峰，即四姑娘山。

周全是黑色。头大而圆，身体肥胖，尾巴极短，神情憨态可掬。它们看似笨拙，其实行动非常灵活，尤其善于爬树。

大熊猫是一种古老的珍稀动物，100多万年前是其家族的鼎盛时期。它们广泛分布于中国东南部地区，与剑齿象、剑齿虎等动物一起组成当时的主要动物群落。后来第四纪冰期到来，气候条件变化，同期的动物相继灭绝，大熊猫的分布范围一缩再缩，最后只分布在中国西部的横断山脉、秦岭等地区。如今，大熊猫数量非常稀少，野生的和人工饲养的总和也不到2000只，是全球濒危动物。

在动物分类学上，大熊猫属于食肉目。然而，漫长岁月中，为了适应生存环境，它们改变了食性，以吃竹子为主，偶尔才会捕食竹鼠等小动物，成为一种"吃素的熊"。它们由于身上保持了犬齿发达、肠道短等食肉动物的特征，因而被誉为动物中的"活化石"。

四川是野生大熊猫最重要的栖息地，被划入"世界自然

"大熊猫之乡"——
卧龙地区

遗产"的地区包括大渡河与岷江之间的狭长山地、卧龙、四姑娘山、夹金山脉等总面积9510平方公里的山区。全世界30%以上的野生大熊猫都生活在这里，这里是全球最大、最完整的大熊猫栖息地。

　　四川大熊猫栖息地的核心区是卧龙、四姑娘山地区，有300多只大熊猫居住在此。这里属于横断山系，雄伟的高峰上终年积雪，雪峰下植物茂密，有大片天然森林，保存了从亚热带、温带到寒带的多种生态系统，是野生动物理想的栖息场所，也是除热带雨林以外植物种类最丰富的区域之一。除了大熊猫，这里还有金丝猴、雪豹、白唇鹿等珍稀动物。国际野生动物组织把这里列入"世界25个生态热点"地区。

可可西里：野生动物的一片乐土

可可西里气候恶劣，人类无法长期居住，却是野生动物的一片乐土。这里是世界高原野生动物最重要的栖息地之一，保存着独特的高原生态系统。

可可西里位于昆仑山脉和乌兰乌拉山之间的高原地带，平均海拔4500—5000米。可可西里山和冬布勒山横贯其中，山地间有平坦而宽阔的湖盆地带。由于高寒缺氧，条件恶劣，自古这里就少有人类活动的痕迹，是中国最大的一片无人区，也是原始生态环境保存最完好的地区之一。

由于海拔高，这里空气稀薄，气候严寒，年平均气温

可可西里无人区，是中国最大的一片无人区，受人类活动干扰较少，大部分地区仍保持着原始的自然状态。图为从可可西里流过的坨坨河。

在-4℃以下。即使盛夏，也随时可能天降鹅毛大雪，而到了冬天，气温会降到零下40多摄氏度。在这样的环境里生存，对生命是一种挑战。开阔的荒野上，没有任何高挑的植物，草儿几乎都是稀稀疏疏，紧紧地贴地生长。一年之中，它们只有在最温暖的月份里才会突然迸发生机，开出美丽的花朵，之后立刻转入浑黄色，与大地融为一体。

因为拥有大面积的冰川，可可西里有各类湖泊和季节性河流，它们是这里最美丽的风景。湖泊边的植物比其他地方都要茂盛，是藏羚羊、野牦牛、藏野驴等高原动物　生存的依靠，它们与狼、棕熊、兀鹫等食肉动物组成了　完整的高原生态系统。

藏羚羊是可可西里最重要的保护动物，它体形优美，动作敏捷，雄性长有一对直立的长角，乌黑发亮，非常美丽。藏羚羊的绒毛能织成名贵的"沙图什"披肩，据说这种披肩非常轻薄，卷起来能从一枚戒指中穿过，所以又叫"戒指披肩"。为了牟取暴利，偷猎者曾大量捕杀藏羚羊，藏羚羊从而数量锐减，一度濒临灭绝。后来当地政府严厉打击盗猎活动，民

成年雄性藏羚羊脸部呈黑色，腿上有黑色标记，头上长有竖琴形状的角用以御敌。藏羚羊，被称为"可可西里的骄傲"，是中国特有物种，国家一级保护动物。

小藏羚羊

间组织也积极参与保护，藏羚羊的数量得以回升。现在每到夏季，都能看到大群藏羚羊长途迁徙，去更为荒僻的安全地点繁殖后代。

　　野生动物是可可西里的主人，进入其腹地的人类经常被当成"入侵者"。不少开车进入可可西里的人都有这样的经历：倔强的野驴会与汽车赛跑，它们一定要超过车辆，显示出自己是"高原速度冠军"才肯罢休。野牦牛有时会把汽车当成挑衅的对手，怒气冲冲地撞过来，如果遇到体重达到一吨的野牦牛，最好的办法就是赶紧逃走！

　　恶劣的自然条件不能阻挡生命的绽放，在粗犷野性的高原上，所有野生动物都是可可西里最美丽的精灵。

神农架：神秘的生物避难所

神农架是中国保存最好的原始森林地带之一，它不但拥有数量庞大的野生动植物，还保存了很多远古孑遗的物种，被称为"生物避难所"。

神农架位于湖北省西部山地，总面积3000多平方公里，山高谷深，植物茂盛，是当今世界同纬度地区保存完好的亚热带森林生态系统之一。得天独厚的自然条件让神农架成为物种繁衍的天堂。

神农架地处连接南北、携手东西的华中地区，是中国

神农架山峰陡峭，河谷幽深，是当今世界同纬度地区保存完好的亚热带森林生态系统之一。

金丝猴的尾巴和身子差不多长，瘦瘦的身上长有柔软的金色长毛，最长可达30多厘米，披散下来如同一件金黄色的"披风"，十分漂亮。

南、北植物种类的过渡地带，荟萃了不同区系的众多生物物种。这里从中生代的侏罗纪起，气候条件变化不大，受冰川期的破坏很少，因而保存了许多古老、特有的植物种类。神农架有数千种植物，其中不乏国家重点保护的珍稀品种，例如曾是恐龙食物的桫椤、花朵形似白鸽的珙桐、可以消炎去病的药材七叶一支花等等。

　　繁茂的植物养育了丰富的动物种群，神农架是世界亚热带物种最丰富的地区之一。这里有很多物种尚待发现，目前已经确知的有鸟类285种、兽类77种、两栖爬行动物60种，以及昆虫数千种。披着华丽金黄色皮毛的金丝猴和黑

神农架风景优美，气候宜
人，是中国南北植物种类
的过渡区域和众多动物繁
衍生息的交叉地带。

黄两色的中华虎凤蝶等珍稀动物都生活在这里。

神农架还是中国最具神秘色彩的地方之一，奇特的白化动物、野人的传说，让这片原始森林充满神秘气息。

在神农架森林里，人们先后发现了白熊、白蛇、白猴、白獐、白麂、白喜鹊、白乌鸦、白黄鼠狼等多种白色的动物。在自然界，有些动物由于基因突变会产生白化的个体，但这是很偶然的现象，在神农架却集中出现了多种白化动物，令动物学家惊诧不已。

野人的传说在神农架地区流传已久，是中国著名的自然之谜之一。多年来，数百名当地村民声称观察到森林中有类似人的神秘动物出没。科学工作者曾先后组织了四次考察，在密林中并未找到野人，却发现了未知动物的毛发和脚印等一些痕迹，这更引起了人们对野人的猜测与关注。

神农架至今没有向人们揭开它的神秘面纱，它用宽广的怀抱养育着无数已知、未知的动植物，那翠绿的林海，既神秘美丽，又让人无限畅想。

蓝色国土

成山头：海陆争锋

成山头，是中国大陆海岸线的最东端。这里曾被认为是日神的居所，受到历代帝王的拜祭。

中国的胶东半岛像一个钉入海洋的"楔子"，成山头就位于这个楔子的最尖端。这里是陆地和海洋交战的前线阵地，大陆以巨岩刺入海中，海水则掀起巨浪，无情地日夜拍打巨岩。

　　成山头位于山东省荣成市，在古代又名"天尽头"。它是
中国陆海交接处的最东端，自它再往东去，就是一片汪洋大海。
早在公元前 200 多年，中国历史上第一位建立中央集权的统
一国家的皇帝——秦始皇，在完成统一大业后，曾来到这里

成山头，三面环
海，一面接陆。
海岸岩石陡峭，
海浪翻腾，水流
湍急。

祭祀山海，求寻长生不老之药。他的大臣李斯留下"天尽头、秦东门"的题字。成山头是中国最早看见海上日出的地方，在古代文献中，它被认为是日神的居所。公元前94年，汉代皇帝刘彻曾在这里拜日神、迎日出，修日主祠。

成山头三面环海，一块窄而长的黄色巨岩高昂着头深入海中。巨岩高耸出海面上百米，像一艘蓄势待发的巨轮，随时准备乘风破浪，驶入大海。站在巨岩的最前端，能够看到前方海中锥形的石岛。从颜色和走势可以看出，这几个石岛与巨岩是一体的，小岛锥尖指着前方，它们是入海的急先锋。

大浪疯狂地拍打着巨岩，轰鸣的涛声盖过一切喧哗。碧绿的波浪从远处前仆后继地冲来，猛撞向石壁，不惜粉身碎骨，变成海面白色的泡沫。巨岩顶部常年有五六级的大风，呼啸着给这场海陆之战呐喊。技艺高超的海燕，乘着大风，出演精彩的飞行特技。它们时而猛然冲向水面，在即将入水的瞬间突然掉头垂直急上；时而又在空中连续腾挪旋转，画出一圈圈弧线。

在巨岩底部——离海水还有好几米的地方，有警告不得靠近的标牌。原来，这里的波浪喜怒无常：大多时候，浪花只有一两米高，并不冲上岩石，但是每隔几分钟，就会出现一个四五米高的大浪，呼啸上岸，水退时能卷走岸边数米内的一切物体。

远方海面宁静而悠远，阳光透过云层的缝隙向海面上洒下万缕金丝。回头看，远处的山川也沉默着，滋养出花草树木，姹紫嫣红。这两大势力在静默中积蓄着力量，只有在成山头，它们露出真性情，无时不刻地执着地较量着。

南海诸岛：中国的珍珠项链

　　在中国广袤大陆的南边有一片纯净的蓝色国土——南海。在浩瀚的海域上，散布着一簇簇珊瑚岛屿、沙洲、暗礁，它们串成一条精美的珍珠项链，装点在太平洋东岸。

　　南海，又称"南中国海"，从地理方位上来说，指的是中国大陆以南，特别是海南岛以南，一直延伸到赤道附近的广阔海域。中国对南海诸岛的开发具有悠久的历史，早在2000多年前的汉代，南海就是中国"海上丝绸之路"的起点，中国的丝绸就是从这里走海路运往西方。中国明代著名航海家郑和，曾率领船队经过南海，探访东南亚和非洲诸

西沙海水蔚蓝清澈，整个海面呈现出波光粼粼的景象。

国。南海一直是中国交通、贸易、军事的重要通道。

南海地处热带海域，海水湛蓝纯净，透明度极好，水中鱼群游弋，天空海鸟翱翔。按分布位置，南海又分为东沙群岛、西沙群岛、中沙群岛和南沙群岛，统称为南海诸岛。其中的曾母暗沙是中国领域的最南端，它已在大陆海岸线数千公里之外，与马来西亚一箭之遥。

东沙群岛是离大陆最近的一个岛礁群，这儿有南海中的第二大岛——东沙岛。岛上椰林婆娑，沙滩光洁白细。岛东侧有东沙礁，西北方有北卫滩和南卫滩，这些礁滩均未露出海面，如众星捧月一般，簇拥包围着东沙岛。

西沙群岛由一连串岛屿、沙洲和暗沙组成，是南海诸岛

红脚鲣鸟

中最美丽的一组岛群。其中的永兴岛是南海诸岛中的最大岛屿，面积2.8平方公里。它的形状像一颗心脏，因而被亲切地称为"中国心"。在永兴岛以东，有一座面积1.6平方公里的乳白色小岛——东岛。东岛的沙滩由贝壳和珊瑚沙堆积而成，非常美丽。岛上植物茂盛，海鸟众多，其中鲣鸟数量最多。它们全身皆白，双脚赤红，十分可爱。因为循着鲣鸟飞行的方向，便能在茫茫大海中找到陆地，所以渔民称它们为"导航鸟"，它们也因此成为西沙群岛的象征。

西沙沙滩

中沙群岛位于南海诸岛的中心，除黄岩岛外，由一群大部分尚未露出水面的珊瑚礁滩组成。海水清净，海温25℃—28℃之间，非常适合各类海产繁殖生长。

南沙群岛是南海诸岛中面积最广、岛礁最多的一个岛礁群。在82万平方公里的广大海域中，有200多个岛礁、沙滩，其中面积最大的不过半平方公里。由于南沙群岛地近赤道，具有典型的热带风光。水下的珊瑚色彩斑斓，千姿百态。南沙群岛虽然远离中国大陆，但却是中国的南大门，在美丽的珊瑚礁上，为中国树立起庄严的界碑。

附录：中国自然概况

中国位于欧亚大陆东南部、太平洋西岸。陆地面积约为960万平方公里，是世界第三大国。中国绝大部分领土位于中纬度地区，南北方向上，从北纬4°左右到北纬53°31′，相距约5500公里；东西方向上，西起东经73°40′，东抵东经135°5′，相距约5200公里。

中国气候类型复杂多样，既有全年炎热的热带地区，也有终年积雪的高山寒冷地区。其中亚热带、暖温带和温带这三个气候带是主体，气候温和，四季分明，适宜人类生存。由于位于全球最大的大陆和最大的海洋之间，中国季风气候显著。受季风每年交替进退的影响，中国夏季气温比同纬度的其他地区偏高，冬季气温比同纬度的其他地区偏低。总体来说，夏季炎热多雨，冬季寒冷少雨。

通常，我们把中国领土分为南方、北方或东部、西部地区。从气候上来说，自南向北，温度逐渐变冷，尤其是在冬季，这种差别更加明显——南方一片葱茏，北方则白雪皑皑；自东到西，随着与海洋距离的增加，气候明显由湿润变干旱。经度和纬度同时对气候产生影响，使中国的气候类型异彩纷呈，同一时间段中，不同地区气候相差巨大。

中国地形多种多样，同时拥有海拔8844.43米的世界最高峰和海拔超过负154.31米的低地。如此巨大的高差之间，有气势磅礴的高原、连绵不断的山岭、起伏平缓的丘陵、群山环抱的盆地、茫茫如海的沙漠、一望无垠的平原、星罗棋布的湖泽……呈现出丰富多彩的地貌景观。

中国国土最显著的特点是地势西高东低，可分为三个大的地势阶梯。最高一级阶梯是雄踞中国西部的青藏高原。青藏高原平均海拔4000米，面积占中国领土的四分之一，有"世界屋脊"之称。高原上耸立着一系列雄伟壮观的山脉，其中世界最高的喜马拉雅山脉就在它的南缘。雪山周围发育了众多奇丽的冰川，使中国成为世界拥有冰川最多的国家之一。这些冰川是中国许多重要河流的源头，它们每年都为国家提供大量的淡水资源。

第二级阶梯是青藏高原以东、以北地区，平均海拔1000—2000米。这里高原、盆地相间，包括崎岖逶迤的云贵高原、千沟万壑的黄土高原、起伏平缓的内蒙古高原，以及山川秀美的四川盆地、矿产丰富的柴达木盆地、粗犷苍凉的塔里木盆地和准噶尔盆地。第二级阶梯拥有雪山、森林、草地、沙漠等多种地貌景观。

第三级阶梯是中国东北、南部的平原以及近海地区，平均海拔在500米以下。这里有富饶的平原，也有起伏的丘陵，包括东北平原、华北平原、长江中下游平原、东南丘陵等中国土地最肥沃、自然条件最好的地区，人口稠密，经济发达，古迹众多。

在中国广袤的大陆领地的东部和南部，还有约473万平方公里的蓝色国土，它们位于太平洋东部海岸，自北向南呈弧状，纵跨温带、亚热带和热带海洋。中国大陆海岸线总长约1.8万公里，沿海分布大小岛屿约7600多座，它们如珍珠般点缀在大陆外围。

本书图片提供

卞志武

董　菁

侯贺良

黄　签

柳　旭

茹遂初

王　辰

王德全

王　嵘

袁廉民

朱恩光

国务院新闻办公室图片库

全景图片库

中国图片库